Qui

es-tu

Matière ?

Qui es-tu ….
Matière ?

Richard Mattout

Docteur de spécialité en mathématiques appliquées.

richardmattout@hotmail.com

Édition : BoD · Books on Demand, 31 avenue Saint-Rémy, 57600 Forbach, bod@bod.fr
Impression : Libri Plureos GmbH, Friedensallee 273, 22763 Hamburg (Allemagne)
ISBN: 978-2-3225-5366-2
Dépôt légal : Décembre 2024

Dédié à

Flavie

Femme de ma vie,

la moitié entière et individuelle de Notre Tout

Qui es-tu Matière?

Nous sommes ignorants de ce dont est capable cette matière que nous croyons connaitre PrigogineStrengers.

*Même la Science est incompétente lorsqu'il s'agit de raisonner sur la création de la matière à partir de Rien…*CohenTanoudjoSpiro

Alors, pour la connaitre, la science est partie de simples expériences quotidiennes, ou d'autres plus ou moins sophistiquées, et aussi de théories plus ou moins réalistes pour comprendre sa constitution, et a essayé de remonter à ses composants les plus primitifs en allant …jusqu'au Big Bang.

En fait, *en dehors de la gravitation qui agit à grande échelle, les ondes électromagnétiques constituent le principal liant du* **monde matériel** LDF

On verra, en effet, dans le petit historique de la notion de matière (ch 1), que lumière et matière-massique ont de nombreux liens.

L'état actuel des connaissances sur la matière est généralement exprimé à partir d'une modélisation, une représentation de la matière, celle du Modèle Standard (ch 2).

Mais celui-ci n'est-il qu'une étape (ch 3) vers une connaissance plus approfondie et/ou plus réaliste de la matière?

Le texte se veut abordable, même s'il est parfois détaillé, de nombreuses définitions ou équations étant reléguées en notes de bas de page. On s'est, pour cela, très largement inspiré de **revues de vulgarisation scientifiques** et de quelques références indiquées **en fin de citation** et données, avec les principales notations utilisées, en fin de texte.

Table des matières

Qui es-tu .... Matière ?

Pourquoi ce titre *:*   ***Qui**-es-tu* matière ?...!

Ne serait-ce pas plutôt ***Qu****'es-tu*, ou même tout simplement, **c'est *quoi*** la 'vile' matière **?**

Lui attribuer une individualité ? C'est fort de café.

Mais qu'est-ce qu'un individu si ce n'est un assemblage matériel, bien complexe, il est vrai, particulièrement quand il s'agit d'une individualité humaine. Et celle-ci a quand même, parait-il, de gros plus +++: une capacité élémentaire de vie, un potentiel d'intelligence, d'esprit, une puissance d'organisation, d'action consciente, toutes qualités qu'on associe à la lumière qui, elle, éclaire une âme !

Alors ?

On verra dans un petit historique de la notion de matière que la lumière et la matière-massique, gravitationnelle, ont de nombreux liens.

L'état actuel des connaissances sur la matière est généralement exprimé à partir d'une modélisation, une représentation de la matière, celle du Modèle Standard

Mais celui-ci n'est-il qu'une simple étape vers une connaissance plus approfondie et/ou *plus réaliste* de la matière?

Petit historique de la notion de matière

De l'Antiquité aux Temps Modernes

Antiquité

Avant, …bien avant, les hommes préhistoriques ont vite *pris conscience* de la réalité matérielle des autres humains, des animaux, des fleurs, des arbres et de leur propre existence. La vie se passait au jour le jour, des **choses** peuplaient leur environnement ; certaines étaient considérées comme des dieux ; la plupart des **objets** étaient sur Terre, certains dans les cieux, et l'univers, rempli partiellement de différentes **substances** et de **corps** divers, était réduit à leur horizon. Cet horizon s'est rapidement élargi pour l'Humain qui a su façonner des objets, s'en approprier, les utiliser pour sa vie quotidienne : la nourriture pour son propre corps, le dessin et la peinture pour s'exprimer. Dès l'aube des temps l'humain subissait la foudre et connaissait les chocs provoqués par les poissons électriques. Et **Thalès** -625_-545 étudiait déjà l'électricité statique.

Ces choses, substances, objets ou corps, sans connaitre précisément leurs natures et propriétés, représentaient la matière, constituaient les éléments du <u>Réel</u>, de <u>la Nature,</u> c'est-à-dire *ce que l'on voyait, touchait.*

Très tôt, on considéra, comme dans la **Bible**, deux substances essentielles : le ciel (l'espace) et la terre (la matière ordinaire) et… *que la lumière soit et la lumière fut;* puis avec **Platon** -470_-399 et **Aristote**-384_-322, on dénombra les substances en quatre **éléments** : la terre, l'eau, l'air et le feu   (ou : *les particules cubiques de l'eau, les particules sous forme de tétraèdres stables de la terre, les particules octaédriques de l'air et les particules pointues icosaédriques du feu* (de la lumière)), *toutes particules qui pouvaient être créées ou détruites* CTS et LDF. Une certaine essence corporelle différente des substances qui sont autour de nous, un <u>éther</u>, un substrat continu in-changeant, un cinquième élément, *la quinte essence* fut aussi introduite par **Platon**. Ces cinq éléments formaient notre réalité quotidienne, encore que Platon s'interrogeait, par le mythe de la caverne, sur la perception de la Réalité !

Aristote considérait qu'en dehors de la Nature, de « notre Univers quotidien», reconnu alors comme très grand (une sphère de rayon 200 000 000 km !), il n'y a rien, ni corps, ni lieu, ni espace vide et il n'y a pas de Cause première. Néanmoins il définit à tout <u>objet existant</u> dans la Nature quatre causes dont, en particulier, la *cause matérielle* qui consiste justement en la matière avec laquelle est fabriqué l'objet, qu'il soit inerte ou vivant. **La matière est le constituant de tout corps.**

Au même moment,-4ième siècle, **les atomistes Leucippe, Démocrite, Épicure, Lucrèce** sont convaincus que la nature est faite de deux **composants ultimes** : les <u>atomes</u> pleins et le <u>vide</u> (*kénon* qui est la suppression de toute entité ou structure.) Il y a donc deux « êtres » : la matière et l'espace. *Les premiers atomistes antiques rêvaient que les <u>éléments</u> de leur philosophie étaient indestructibles, éternels, pleins, s'agitant sans cesse dans le vide* Klein **Démocrite** et **Épicure** croyaient que la vision des choses se faisait par de fines parties qui se détachaient des objets et venaient sur l'observateur, et. **Euclide, Ptolémée** que des rayons jaillissaient de l'œil.

La matière, alors, c'est : la chair, la terre, le bois, les roches métalliques… que l'on trouve dans son environnement sous l'aspect <u>solide</u>, qui prend forme et place, comme tout animal, tout rocher ou toute montagne, tout arbre ou végétation. C'est aussi : les <u>liquides</u>

comme l'eau de pluie, celle des sources, des rivières ou de la mer, l'urine ou le sang des animaux, le lait de la vache, … tout ce qui s'écoule. Tout cela, encore, se touche et se voit. Et ces corps, ces objets, composés uniquement des petits éléments eau-terre, avaient, pour certains, un poids [1] qu'on savait « mesurer »[2] avec une balance déjà inventée. Il fallait en effet de la *force* pour manipuler les objets lourds : il fallait *travailler* dur pour les utiliser et vivre sa vie sur notre Terre, notre petit monde.

En revanche « l'air » est difficile à appréhender : on sent des odeurs, on ressent le vent, on voit des fumées, du brouillard. Le « gaz » est-ce vraiment de la matière? Le « feu » qu'on a apprivoisé depuis fort longtemps, la chaleur ou le froid qui nous accablent, la « lumière » qui nous éclaire et nous réchauffe, la « foudre » qui nous effraie, sont-ils des expressions de la matière ? Les Égyptiens concevaient la lumière comme des petites particules émises par nos yeux et réfléchies de l'objet vu jusqu'à nos yeux. Et qu'étaient les effets des corps électriques ou magnétiques ? Magie ? Mais encore plus mystérieux : *quid* de l'humain, la Bible insiste sur la poussière dont est constitué le corps mais lui attribue *néfesh* (capacité de vie), *rouah* (esprit) et *néchama* (âme) ?

Les atomes des *atomistes* seront oubliés pendant des siècles et le « mystère » de la matière a incité tous les alchimistes, même jusqu' à la fin du Moyen âge et au-delà, à percer ses secrets, en vain.

---

[1] Le **poids** est une *force*. En tant que telle, la force est concrète lorsque son point d'application nous concerne : c'est la **force acquise**, celle du cheval ou de l'homme qui porte ou tire, qui travaille. Cf Newton, plus loin, pour une définition générale de la force. Le poids est la force qu'il faut appliquer à un objet pour qu'il ne « tombe » pas.

[2] **Mesurer** : c'est faire une comparaison et associer un nombre. Par exemple je soulève un objet de référence : je développe une certaine force ; je soulève deux objets de référence identiques ; j'associe à la nouvelle force développée le chiffre 2… etc . Si on place 5 objets de référence sur un plateau pour équilibrer le deuxième plateau où est posé un objet quelconque, on associera à cet objet la mesure : chiffre 5

L'un des objectifs de l'alchimie était la réalisation de la transmutation des métaux, principalement des métaux vils, comme le plomb, en métaux nobles comme l'argent ou l'or. Les métaux sont supposés être des corps composés (souvent de soufre et de mercure). La pratique de l'alchimie et les théories de la matière sur lesquelles elle se fonde, sont parfois accompagnées, notamment à partir de la Renaissance, de recherches de remèdes mirifiques, de spéculations philosophiques, ou carrément mystiques, à la recherche de la « pierre » philosophale.

Pour le Perse **Ibn Sahl**, et pour **Ibn El haytam, Alhazen** la lumière est indépendante des objets et de l'œil.

Renaissance

Bien plus tard, **Galilée** 1564_1642, avec l'arrivée de la Science physico-mathématique, introduit le paramètre temps t . On accède ainsi à des valeurs précises de vitesse et d'accélération[3]. **Galilée** fait l'expérience (de pensée) de la chute libre des corps dans le **vide idéalisé** : les objets lâchés au même niveau simultanément tombent en ligne droite, quelles que soient leur consistance et leur forme, et arrivent en même temps au sol[4] ! Un corps «tombe» sur Terre (dans un champ de gravitation) de la même façon que les autres corps massifs; doués d'une **masse**[5], les plus lourds chutent comme les plus légers. Sachant déjà mesurer le poids d'un objet, et ayant une valeur mesurée G_T de la gravité (voir plus bas), on peut alors associer une valeur numérique à la masse (gravitaire) d'un objet.

---

[3] On sait mesurer une longueur et une durée (en les comparant à une longueur et une durée prises comme références ; alors on sait mesurer une **vitesse** $V = L.T^{-1}$
$$\text{et une } \textbf{accélération } \Gamma = V/T = L.T^{-2}$$

[4] Car la masse disparait dans l'équation du mouvement $m.G = m.\Gamma$

[5] **Masse** : ce concept est introduit de plusieurs manières dans la Physique newtonienne (cf plus loin). Il y a par exemple la masse gravitaire ($M = Poids\ /G$) ou la masse inertielle $(M = F/\Gamma)$ liée à l'accélération, à la résistance à la mise en mouvement ou à un changement de direction **PLS 498**) ou la masse impulsionnelle ($M = p/V$) … ; en mécanique newtonienne toutes ces masses sont confondues ; la masse M est une notion abstraite, une propriété du corps considéré représentée par un scalaire, un simple nombre réel, alors que le poids est une force bien concrète.
C'est plutôt l'impulsion $p = m.V$ qui est définie à partir de la masse.

Puis avec l'expérience du pendule portant des objets de différents poids, **Galilée** met en évidence le rôle de la masse gravitaire : la fréquence d'oscillation obtenue n'est fonction que de la masse suspendue et de la longueur du fil du pendule.

Voilà que la matière révèle deux de ses nombreuses propriétés mesurables, quantifiables !: <u>une masse et une fréquence</u>**, cette dernière associée à une longueur. Bien sûr, on peut aussi citer les nombres associés à la forme de la matière quand elle est solide (*profondeur, largeur, épaisseur* du corps considéré, *volume, surface...*).**

Galilée s'est aussi intéressé à la propagation de la <u>lumière</u>, en perfectionnant la lunette astronomique et en utilisant le télescope (pour explorer la surface de la Lune). Il indique alors dans ses études que **la vitesse de la lumière est supérieure à la célérité des ondes sonores.** La lumière « va » beaucoup plus vite que le son.

Le monde de **Descartes** 1596_1650 ne contient, quant à lui, que matière et mouvement, ou plutôt qu'étendue et mouvement. *'Ce n'est pas la pesanteur, ni la dureté, ni la couleur ...   qui constituent la nature d'un corps, mais l'extension seule', ' un corps est ... une substance étendue en longueur, largeur et profondeur et réciproquement'*. **La matière occupe l'espace par sa forme et s'y meut.** On sait mesurer sa vitesse et son accélération (donc on sait déterminer l'accélération G_T de la pesanteur terrestre). L'identification cartésienne entre matière et étendue implique la **négation du vide** car le néant ne peut pas avoir de propriétés, de dimensions; l'espace est donc un *éther* où les corps sont entre d'autres corps. Le seau est vide…d'eau, mais il est plein …. d'air ! La matière est, en fait, partout et les <u>gaz</u> sont de la matière.

Descartes s'est, lui aussi, intéressé à la <u>lumière</u>, ou plutôt à la propagation des rayons lumineux. Il en déduit les lois de la réflexion et de la réfraction de ces rayons[6], des propriétés que la matière *ordinaire* n'a pas. **La lumière n'est pas de la matière**

En 1657 **Fermat** propose un principe de minimisation de parcours de la lumière considérée, cette fois, comme <u>corpusculaire</u>

Pour **Newton** 1642-1727, comme les propriétés appartenant à tous les corps en général sont : *étendue, dureté, impénétrabilité, mobilité et inertie, … si les parties solides sont de même densité,* alors,   *entre elles ,* … ***il y a nécessairement du vide.***

En outre un corps massique ayant une impulsion (*p)* qui le fait passer du repos à la vitesse *V* persévère dans son mouvement en ligne droite à vitesse constante : **la masse en mouvement a une <u>inertie</u>.** M_{in}, la masse inertielle, est celle qui mesure la difficulté à mettre en mouvement, ou arrêter un objet.

Newton introduit aussi la notion générale de force [7], *cette espèce **d'esprit subtil** qui pénètre tous les corps solides et qui est caché dans leur substance ; c'est par la force et l'action de cet esprit que les particules … cohérent lorsqu'elles sont contiguës ; c'est par lui que les corps électriques agissent … que la lumière émane, se réfléchit, se réfracte, échauffe les corps.* **Newton d'après Klein**

De plus **Newton** établit que **les masses s'attirent** avec une force qui s'exerce entre elles : la force gravitationnelle. Il introduit la notion d'<u>action à distance</u> et la constante gravitationnelle G.[8]

En mécanique classique newtonienne **on admet** :

$$M=M_0=M_{in}=M_{imp}=M_{longi}=Mt_{rans}=M_{cin}=M_G=M_G\ldots$$

---

[6] **De Freiberg, Al Farisi, Descartes , Snell** ont compris comment se forme un arc en ciel par réflexion, réfraction.

[7] $F=M_{in.}\,\Gamma$ La   Force est une grandeur vectorielle de dimension : $M.L.T^{-2}$

[8] La force gravitationnelle est $F=G.\,m.M/d^2$ m et M les deux masses en présence distantes de d .
$G=6,7.10^{-11}\ m^3/kg/s^2$
et G et G_T sont liés car la force gravitaire est la force gravitationnelle entre *m* de l'objet et *M* de la Terre $G_T=9,81\ m/s^2$

où M_0 est la masse au repos, M_{cin} la masse dérivée de l'énergie cinétique (**cf Couderc** et plus bas pour la notion d'énergie) M_{in} la masse inertielle, M_G.la masse gravitaire et M_G la masse gravitationnelle; toutes sont confondues, <u>sans raison apparente</u> et ont une valeur absolue : **la masse d'un objet ne change pas**, c'est une propriété intrinsèque d'un objet.

En outre **Newton** élabore une <u>optique corpusculaire</u> qui vérifie les lois de **Descartes**.

Ainsi, les <u>objets</u> physiques de l'Univers de Newton, (qui est constitué d'un espace $\mathcal{E}$ et d'un temps $\mathcal{T}$, tous deux absolus et abstraits[9]), sont des corps matériels, réels, composés de particules, qui, elles, sont des corpuscules quasi-ponctuels massiques qui <u>interagissent</u> entre eux.
Une <u>particule</u>, au sens newtonien, est ainsi une abstraction : c'est une masse ponctuelle, un point matériel ayant une masse *m* mais sans dimensions spatiale ni temporelle. Un objet ou corps, au contraire, est physique ; il existe en occupant un volume *3D* rempli de matière de masse *M* pendant une durée T_d et *sa masse ne change pas si les constituants de l'objet restent les mêmes … Nous ne parvenons pas à concevoir une chose matérielle sans masse, ni une masse sans être incarnée par une chose matérielle* Klein.
L'<u>état</u> de la particule corpusculaire de masse *m* est <u>défini par sa position et sa vitesse</u>; cet état précise pour un objet sa *manière d'être dans l'espace* et *la <u>forme</u> que sa réalité matérielle revêt.* Klein Précisons que l'état est une *façon d'être* au sens général, et que l'état peut être mesurable, représenté par des nombres : les valeurs associées à la position et à la vitesse par exemple. Ces nombres, avec le nombre associé à la masse, caractérisent partiellement et numériquement un objet de matière. La matière a des propriétés caractéristiques, un *état quantifié*.
Les propriétés des objets, dans la Physique newtonienne, résultent de leurs forces d'interactions internes et en partie des interactions avec

---

[9] cf **R Mattout** le temps en questions ? ed Bod 2023

l'extérieur s'il y a d'autres corps ou de la lumière (si celle-ci est considérée corpusculaire)[10]..

L'adjectif *physique* associé à *objet* ou *processus* désigne quelque chose de matériel, de réel, qui possède à la fois : 1- les attributs de la matière (ou ses propriétés), 2- ceux de la distance en *3D* (en ayant un volume L^3) et 3- ceux de la durée en *1D*. L'objet ou le processus physique mis en œuvre n'a rien de virtuel, d'immatériel, d'abstraction. L'adjectif est plutôt lié au nom *le physique*.

La Physique de Newton est toujours d'actualité et permet de résoudre de nombreux problèmes quotidiens mais comment, dans cette Physique, un objet formé de particules ponctuelles abstraites peut avoir un volume, une matérialité ? Comment une Physique peut-elle traiter d'objets physiques concrets, et en même temps, d'espace et de temps abstraits, absolus ?

Y a-t-il mariage nécessaire de l'abstrait et du concret ?

Et qu'en est-il de la lumière : corpusculaire ou immatérielle ?

L'espace... absolu... agit sur les masses (par la gravitation), (et) ***rien n'agirait sur lui ?*** Einstein

Huygens 1629_1695 introduit déjà, à l'encontre de l'optique corpusculaire de Newton, une **théorie ondulatoire de la lumière** et émet l'hypothèse d'un éther support des ondes lumineuses qui se propagent dans le temps. Les **ondes**[11], comme la propagation des vagues sur la mer, forment un type de mouvement sans déplacement de masse ! Une onde pure est caractérisée par une fréquence, une longueur d'''onde ; les ondes se superposent ; une onde complexe possède un spectre de fréquences.

---

[10] **Les lois de Newton** sont invariantes dans tout repère galiléen ; il y a symétrie de translation uniforme pour tout objet en déplacement et symétrie de parité.

[11] Définition Wikipédia : une **onde** est une *propagation* d'une perturbation produisant sur son passage une variation réversible des propriétés physiques locales. Les ondes peuvent occuper tout l'espace (et même un **champ** à dimensions plus grandes que *3*). Elles n'ont pas de trajectoires, ne transportent rien de matériel, ne font que transmettre de l'énergie et/ou de l'information. Une onde pure est caractérisée par sa longueur d'onde λ ; sa fréquence ν ou sa période $1/\nu$. Une onde quelconque a un spectre de fréquences.

Alors, il faudra se décider, la lumière est-elle corpusculaire concrète ou ondulatoire impalpable ?

Temps modernes

Kant 1724_1804, champion de l'idéalisme, indique *: il y a hors de nous des corps, c'est-à-dire des choses qui, bien qu'elles nous soient tout à fait inconnues en elles-mêmes, nous sont connues par les <u>représentations que nous procure leur action sur notre sensibilité</u>, et auxquelles nous donnons le nom de corps, mot qui n'indique par conséquent que le* **phénomène** *de cet objet à nous non connu mais néanmoins réel.* Les objets, corps nous seraient alors inconnus en eux-mêmes!

La Réalité serait-elle différente de la simple matérialité, serait-elle liée à nos seules « perceptions » de phénomènes ? Toujours le mythe de la Caverne de Platon ! **La matière, plus complexe que l'on croit, serait-elle représentée par les** *seules* **propriétés et** *états* **qu'on sait mesurer ?**

Lavoisier 1742_1794 fondateur mondial de la chimie moderne, découvre la composition de l'air et la nature de l'oxygène O_2. **Rien ne se crée ou ne meurt vraiment mais tout se transforme.**

Ainsi <u>les gaz</u> font bien partie de la matière. La matière est composée de de petits éléments modélisés par des <u>molécules,</u> très petites parties de matières existant à l'air libre, qui définissent les substances connues, et les molécules sont composées d'<u>atomes</u>. Cette dernière notion revient en force. L'atome est tout petit ; est-ce une partie ultime de matière ?
Par ailleurs **<u>le feu, la chaleur</u> proviennent d'une combustion entre molécules et de l'effet de la lumière.** Cette dernière avec l'électricité vont connaitre une période d'étude importante.

Coulomb 1736_1806 étudie l'attraction des corps électrisés et les effets du magnétisme. La loi de Coulomb en électrostatique est une loi d'<u>action à distance</u>.

Galvani 1737_1798 étudie de nombreux effets de l'électricité.

Young 1771_1829 et **Fresnel** 1788_1827 établissent un modèle ondulatoire pour expliquer les phénomènes de diffraction et d'interférences de la lumière.
On s'intéresse beaucoup aux phénomènes liés à l'électricité, à la lumière. Il semble alors qu'il y ait franche **<u>dichotomie entre matière corpusculaire et lumière ondulatoire</u>.** On tranche: il y a matière **et** éther où se meut la lumière.

Young introduit enfin le concept d'**énergie**.[12]

La lumière est un **champ**[13] **électromagnétique** constitué d'ondes qui se propagent.

Aujourd'hui on sait qu'*un faisceau de lumière est formé de points ayant une intensité, une phase et une couleur qui peuvent prendre toute valeur continue : d'où une information contenue supposé infinie ; mais la lumière difracte (à partir d'un orifice, elle se propage dans toutes les directions) ; donc l'information se dissout dans l'espace ;*

---

[12] L'**énergie** est une grandeur de la Physique assimilable à tout travail, semblable au produit (au résultat obtenu) de l'application d'une force pour créer un déplacement réel. L'énergie est un prix, une valeur (numérique), celle de la capacité d'entreprendre (ou de la puissance P) à mettre en exécution dans un temps-durée T_d. En tant que valeur ou prix attribué, c'est une notion abstraite <u>scalaire</u> de dimension : $E = F.L = P.T_d = M.L^2.T^{-2}$

[13] Dans une région de l'espace *3D*, ou dans tout l'Espace E, (ou même, plus généralement, dans un espace mathématique de dimension *n, n* pouvant être très grand), si, en un point de cet espace défini par ses *n* coordonnées (ou *n* degrés de liberté), on peut associer une fonction définissant une ou plusieurs propriétés (ou états), on dit qu'on obtient un **champ,** et l'espace de dimension *n* est appelé **espace de configuration**. Cet espace est adapté tant à la description des états de la matière qu'à celle des ondes. Par exemple une particule chargée électriquement modifie les propriétés de l'espace, crée un champ électrique : si une autre charge se trouve dans ce champ elle subira la force exercée à distance par la particule. Le champ est un médiateur d'**action à distance**. Si on attribue à chaque point du champ un nombre on a un champ scalaire, et si on attribue un vecteur on a un champ vectoriel…. Le champ électrique est un champ de force donc un champ vectoriel.

elle est liée à une couleur, à une fréquence ; donc l'information est diluée dans le temps ; donc l'information qu'elle peut contenir est finie. ! **LR568 Aspect**

Carnot 1796_1832 et **Clausius** 1822_1888 posent les fondations de la **thermodynamique** et la développe : la <u>chaleur</u> se déplace suivant des lois de conservation de l'énergie.

La nature des ondes acoustiques découverte, la célérité <u>finie</u> des ondes de lumière est mesurée.

Avant *1820* les champs électriques et magnétiques apparaissaient comme distincts. **Ampère**1775_1836 et **Faraday** 1791_1867 ont montré qu'il s'agissait de la manifestation sous deux aspects des mêmes <u>ondes électromagnétiques</u>.
Le champ électromagnétique porte de l'<u>énergie</u> E et de l'impulsion p [14].

Une fois créé, le champ électromagnétique existe, agit et varie conformément aux lois de **Maxwell** 1832_1879 Tout l'espace est la scène de ces lois et non pas, comme pour les lois mécaniques, les points seulement où la matière et les charges sont présentes …. *Les lois nous mettent en l'état de suivre l'histoire du champ…* ; le champ *ici et maintenant* dépend du champ *immédiatement voisin à un instant immédiatement antérieur.* **Einstein**

On arrive alors avec ces nouvelles notions à avoir une interprétation de ce qu'est la lumière, la chaleur, d'une part, en mettant d'autre part, les gaz, l'air dans le domaine de la matière. <u>Mais, cette fois, la lumière et la matière interagissent.</u>
La matière possède, en effet, des propriétés autres que la masse.
Par exemple une charge électrique se manifeste différemment si elle est au repos ou en mouvement. Un électron,(de la matière) qu'on saura plus tard isoler (cf Millikan), au repos sur une table, permet en principe de détecter une force répulsive lorsqu'on place un autre électron à côté. Mais si on met en mouvement le premier électron, on constate

---

[14] tel que $\qquad$ E = p.c, $\qquad$ *c* étant la célérité de la lumière

qu'une force nouvelle, magnétique, apparait, …détectée par son effet sur une aiguille aimantée proche : la distinction entre force électrique et magnétique est *affaire de point de vue.*

Selon la physique classique si une particule agit sur une autre, c'est un champ engendré par la première qui agit sur la seconde. Exemple : la charge électrique d'un électron crée autour de lui un champ électromagnétique qui se manifeste par une force s'exerçant sur les autres particules chargées.

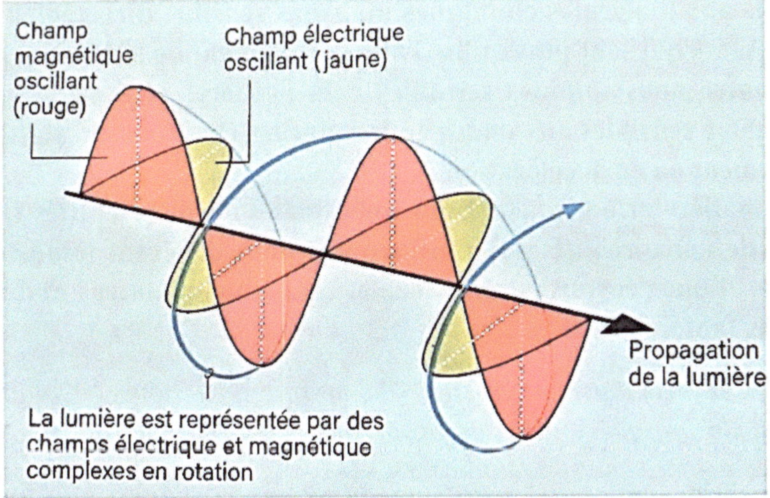

Maxwell montre aussi que lorsqu'une charge électrique est accélérée elle émet une énergie sous forme de radiation (ondes, rayonnement thermique, rayons X…)

Mendeleïev 1834_1907 a développé le tableau périodique des éléments atomiques, <u>connus et à envisager</u>. Toute la matière sensible représentée par les **concepts** d'atomes, molécules, nous est alors connue, compréhensible chimiquement et on sait qu'elle interagit avec l'énergie lumineuse.

1887 **Hertz** étudie justement la transformation de l'énergie lumineuse en énergie électrique.

La matière, en tant que matérielle, est ainsi corpusculaire, faite de particules matérielles qui interagissent à tous les niveaux y compris atomiques et subatomiques. Maxwell nous dit *: les atomes et molécules on ne peut pas les voir mais toute molécule est exactement de même structure que toutes les autres de même type, elle est non éternelle ni autosuffisante.* **La matière, même au niveau atomique est composée de sous-éléments qui peuvent se <u>combiner</u> de diverses façons. On est sensible aux molécules chimiques mais pas sensible directement à ses composants qui sont plus qu'invisibles, seulement de** *possibles entités.*
Par contre nous sommes sensibles à la lumière, et toute la matière aussi, donc sensibles aux ondes émises par les électrons, en statique, en mouvement ou en accélération
Alors matière et ondes électromagnétiques sont deux entités qui font partie de notre réalité, qui s'influencent mais diffèrent totalement de nature, l'une corpusculaire locale, palpable, l'autre ondulatoire globale, fantomatique.

Par des abstractions successives de notre esprit nous dépouillons la matière de presque toutes ses propriétés sensibles pour n'envisager en quelque manière que son fantôme **D'Alembert**

Est-ce cela qui va arriver ?

En Relativités einsteiniennes et en Physique Quantique
Les bases

1900 : *D'après* **Planck** *.un atome ne pouvait pas absorber petit à petit, continûment, de l'énergie lumineuse : il ne pouvait le faire que par paquets...* (ce qui) *voudrait dire cette <u>chose étrange</u> que le mouvement des atomes ne se fait pas continûment mais par bonds discontinus* LDF Il n'y a pas dans un atome, on le verra plus loin, passage continu d'un électron d'une orbite à l'autre, mais saut brutal d'un point à l'autre!

Planck introduit le **quantum d'action**, ^{Pl}h, plus petite action possible ; les échanges d'énergie avec la lumière ne peuvent donc se faire que de manière discrète quantum par quantum.

^{Pl}h implique quantum d'espace (ou de longueur) et quantum de durée (donc plus petite longueur possible et plus petite durée possible, impossible à diviser !)

Une **action**[15], de façon générale, c'est *quelque chose qui se fait, qui se passe, s'effectue* dans l'Univers, ce qui nécessite une dépense d'énergie pendant une durée. Elle est différente de l'intention qui est une projection d'action en pensée sans mise en acte. L'action *Ac*, en Physique, est par exemple la quantité : produit du travail nécessaire à fournir pour déplacer une masse sur une distance et de la durée nécessaire pour son accomplissement. Toute action est un multiple de la plus petite action ^{Pl}h.[16]

L'action, à l'origine de tout phénomène, de tout événement, <u>est discrétisée</u>.

1905: **Einstein** *supposa que si les atomes absorbent et émettent de l'énergie lumineuse par paquets, par quanta, c'est que ces quantas se trouvent dans les ondes lumineuses continues qui les transportent, les photons* LDF L'énergie localisée d'un rayon de **lumière est un quantum d'énergie, appelé <u>photon corpusculaire</u>,** qui, dans l'effet photoélectrique, communique bien, à l'impact, toute son énergie à un électron de la matière pour créer le courant électrique **Fernandez** En outre, corpusculaire (par les photons), la lumière est aussi, bien sûr, ondulatoire, ainsi que les rayons X, les ondes radio…, ces ondes étant émises et absorbées par des électrons.

Einstein montre aussi qu'il y a **équivalence <u>masse</u>-énergie,** ce qui entraîne la <u>non-conservation de la masse !</u> La masse n'est plus un absolu, ni la distance, ni la durée. En mouvement masse et énergie peuvent passer de l'un à l'autre et donc, chacune, changer de valeur. L'énergie cinétique,

---

[15] L'action Ac a pour dimension $Ac = E.T_d = M.L.T^{-1}$ c'est l'énergie dépensée pendant une durée pour une réalisation; une action réalisée.

[16] $Ac = n\ ^{Pl}h$ toute action est un nombre entier d'actions de Planck

comme toute énergie (rayonnante, chaleur, électromagnétique...), est douée de masse. *Il y a la matière-masse, ou substance, et la matière-énergie.... Pas de masse sans énergie, mais possibilité d'énergie sans masse* **CohenTanoudjiSpiro.**

Ce principe d'équivalence implique en particulier que masse inertielle = masse gravitationnelle. Ce n'est plus une chose supposée.

Et l'énergie (ou masse) associée à l'onde lumineuse de fréquence *donnée* est proportionnelle ^{Pl}h et à la fréquence v [17]

L'Espace-Temps-Matière $\mathcal{E}$-$\mathcal{T}$-$\mathcal{M}$ ou $\mathcal{E}$-$\mathcal{T}$-$\mathcal{E}$ espace-temps-énergie devient **un seul** concept. Issu d'un probable Big Bang, l'$\mathcal{E}$-$\mathcal{T}$ de l'Univers est un continuum de dimension *4(3 pour l'espace et 1 pour le temps)*, en construction temporelle, dynamique, en expansion plus ou moins accélérée contenant énergie et matière. Chaque **objet,** corps inerte ou vivant, a une ligne d'univers : il nait à un endroit- instant, et après « sa vie », il disparait à un autre endroit-instant.

Tout objet existant aurait une *vie* dans notre Univers et sa masse serait assimilable à de l'énergie!! La lumière, elle-même, est grains d'énergie ; les photons. Et la discontinuité, la discrétisation, est installée partout !

*1907 **J Perrin** vérifie l'hypothèse d'**Einstein** sur le mouvement brownien des molécules; c'est la preuve définitive de l'existence des molécules et atomes.*

1911 **Rutherford** découvre le noyau de l'atome. cts Le noyau a un rayon de l'ordre de 10^{-14}m ! On est dans le plus que microscopique !

1913 **Thomson** et **Millikan** ont émis l'hypothèse de la discontinuité de l'électricité et de **l'existence de l'électron** dans l'atome avec une charge électrique élémentaire *e*, ce qui est mis en évidence dans le tube de **Crookes.**

C'est alors **la conception de l'atome** de **Bohr**: Les électrons sont sur des orbites définies avec un mode fondamental stable de plus basse énergie autour d'un noyau. Seules certaines orbites sont possibles, les orbites

---

[17] Energie d'une onde lumineuse . $E = {}^{Pl}h. v$ plus la fréquence v de la lumière est élevée plus elle est énergétique

d'état stationnaire. Au passage d'une orbite à l'autre de l'électron l'atome émet ou absorbe de la lumière, donc de l'énergie par quantum de fréquence égale à la différence d'énergie entre les deux états divisée par ^{Pl}h; ce qui entraîne la stabilité de l'atome. Si les énergies échangées ne dépassent pas un seuil, alors l'atome a une identité propre, est indivisible. … Mesurer les fréquences émises ou absorbées par l'atome permet de définir son spectre de raies. **CTS**

L'onde stationnaire d'un électron boucle sur elle-même sur son orbite

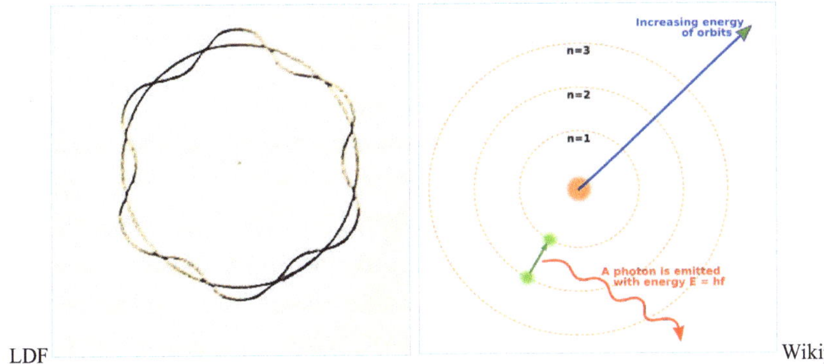

LDF   Wikipédia

BOHR (atome de)
Modèle de l'atome d'hydrogène, où l'électron se déplace toujours sur une orbite circulaire de rayon

$$r_n = \frac{\hbar^2}{me^2}\, n^2$$

où $\hbar$ est la constante de Planck divisée par $2\pi, m$ et e, la masse et la charge de l'électron, et n un nombre entier positif, le nombre quantique principal, pouvant prendre toutes les valeurs de un à l'infini. Sur ces orbites les valeurs respectives de l'énergie sont :

$$E_n = -\frac{Me^4}{2\hbar^2}\frac{1}{n^2}$$

LDF

L'équation de Bohr en est déduite[18]:

Les états stationnaires possibles   sont obtenus en équilibrant la force d'attraction du noyau avec la force centrifuge liée au mouvement orbital de l'électron, mouvement limité du fait que sa quantité de mouvement soit un multiple entier n de $^{Pl}h/2\pi$ [19]:

*On obtient de cette manière le <u>nombre quantique principal</u> **n** de l'atome*

La constante de Planck se trouve ainsi, bien au cœur de la structure de la matière LDF

Les notions d'onde et de corpuscule se précisent.

Les balles d'un fusil ont un comportement corpusculaire ; elles ont une trajectoire. Le son de la balle a un comportement ondulatoire : il se répand dans tout l'espace.

Un corpuscule est un petit élément matériel localisé et dont les propriétés sont décrites par un nombre fini de caractéristique. Un électron est un corpuscule qui peut se manifester dans une région de 10^{-15}m.

Une onde est un phénomène étendu dans une vaste région qui peut se propager, avec certaine périodicité et posséder les cinq propriétés : diffraction, interférence, effet tunnel, stationnarité, et délocalisation-indiscernabilité- mise en phase LDF

1915 : Le principe d'équivalence d'**Einstein** implique aussi que tout changement de référentiel en accélération équivaut à la présence d'un champ gravitationnel.[20] Alors l' *E-T-M* serait une sorte de gelée ou de trame souple où **l'énergie en puissance** *du départ* **se manifeste sous forme de matière,** particules, étoiles, galaxies…, avec une répartition de matière-énergie qui déforme localement l'*E-T.*

---

[18] Équation de Bohr $2.\pi.R = n.\lambda$, R étant le rayon de l'orbite, $.\lambda$ la longueur d'onde de l'onde associée à l'électron.

[19] pour l'électron $m.V.R = n.^{Pl}h/2\pi$

[20] Le Principe d'équivalence de RG : mg= m_{in} est vérifié avec une précision de 10^{-14}

Du fait de la courbure de l'espace, la matière ne se propage pas en ligne droite mais suit les lignes de plus court chemin, les *géodésiques*.LR 506-2015

Chadwick découvre le neutron.

1917 : **Einstein** introduit dans sa théorie.la constante cosmologique pour obtenir un Univers stable

Mécanique, Physique et Théorie quantiques
MQ, PQ, TQ

1920 : *Dans le monde macroscopique une chaise ne change pas de nature lorsqu'on la regarde; dans le monde microscopique tout dépend de la manière d'observer.* Pour expliquer le comportement étrange des atomes les physiciens ont développé des concepts neufs qui posent des questions inédites ; **Planck, de Broglie, Dirac, Heisenberg, Bohr, Born, Fermi, Einstein, Schrödinger** … établissent les bases de la mécanique quantique *MQ*. Celle-ci est fondée sur la quantification de **Planck** mais la dépasse et introduit la notion de probabilités.

L'électrodynamique quantique ***EDQ*** est la théorie de l'interaction entre électrons et champ électromagnétique, interaction liée à l'énergie propre du photon (théoric qui donnc dcs intégrales divergentes !!!)

1921-22 : L'expérience de **Stern-Gerlach** démontre l'**existence de propriétés quantiques de la matière.**

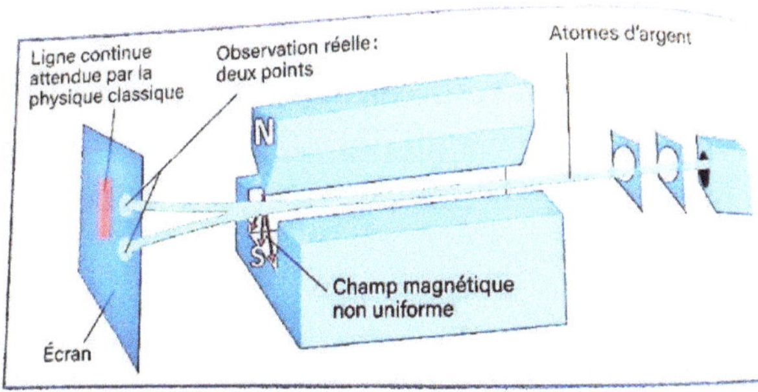

En envoyant des particules d'argent dans un champ magnétique on n'obtient pas de ligne verticale continue, comme attendu, mais deux

impacts distincts car les atomes d'argent ont deux types de *spin* (cf plus loin) une qualité quantique.

1923-24 : **Louis de Broglie** propose que **toute particule de matière possède des propriétés ondulatoires. L de Broglie** étend l'hypothèse de quantum de lumière à la matière. Il associe par exemple à l'électron *une onde de matière* dont la longueur d'onde s'obtient en divisant ^{Pl}h par l'impulsion de la particule $m.V$.[21]

C'est vraiment une révolution : finie la   dichotomie onde-matière !

Ce phénomène de dualité de la matière à qui on attribue une longueur d'onde a un comportement qui dépend de l'observateur qui le suit; l'oscillation de l'onde se propage dans la direction et le sens du mobile à une vitesse   différente [22] Et si la longueur d'onde du mobile matériel est très petite ses propriétés ondulatoires s'estompent.
Si la balle d'arme à feu (de **LDF** vu plus haut) *a quelques grammes et si on veut que sa longueur d'onde associée soit du même ordre que celle du son qu'elle produit afin que la balle contourne le mur, il faudrait que sa vitesse soit si faible...   que pour progresser de 1m il faudrait des milliards d'années!*   Tout objet à notre échelle apparait comme purement corpusculaire d'après LDF

À toute matière, ou énergie, est ainsi associée une onde énergétique. On découvre que la structure de la matière est discontinue et duale : onde et corpuscule. Ainsi il y a dualités (corpuscule-onde), et (matière-énergie) pour tous les objets physiques plus particulièrement dans le domaine microscopique.

---

[21] Équations de de Broglie : $\lambda = {}^{Pl}h/m.V$ et $v_0 = E_0/{}^{Pl}h$;
Un mobile matériel quelconque de vitesse V par rapport à un observateur fixe, de masse m_0 possède une énergie au repos $E_0 = m_0 * c^2$ à laquelle il associe un phénomène périodique de fréquence v_0 liée seulement à ^{Pl}h et E_0.

[22] $w = c^2/v_0$ w : *célérité de l'onde ;* v_0 : *vitesse de l'observateur* in **Koiré**

À partir de là c'est la cascade des nouveautés introduite par la physique quantique !

1924 : C'est l'atome de **Schrödinger** : l'onde de l'électron sur son orbite devant être stationnaire, elle a une longueur d'onde définie par un nombre entier de nœuds sur l'orbite (cf figure page suivante). De ces considérations **Schrödinger** va tirer son équation de la mécanique ondulatoire.

1926 : *Dans l'équation de* **Schrödinger** *(relative à) l'hydrogène apparait l'ensemble de tous les états d'énergie privilégiés qui redonne le spectre de raies de l'hydrogène. ...Le sens de cette équation, trouvée par une méthode incompréhensible, est très mystérieux .... L'équation de* **Schrödinger** *est celle des ondes stationnaires de tout objet...*

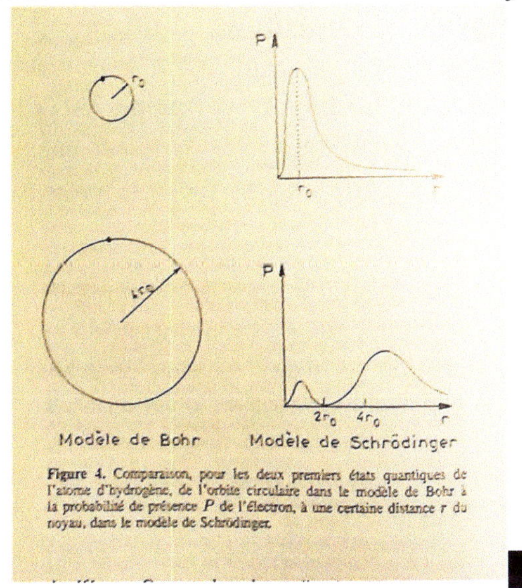

Figure 4. Comparaison, pour les deux premiers états quantiques de l'atome d'hydrogène, de l'orbite circulaire dans le modèle de Bohr à la probabilité de présence P de l'électron, à une certaine distance r du noyau, dans le modèle de Schrödinger.

LDF

Dans la théorie de Schrödinger *__les nombres quantiques associés à la matière__ sont introduits naturellement... Les états quantiques des atomes sont associés à 3 paramètres à valeurs entières: n, l et m.*[23]
L'électron de l'atome H par exemple,_ est caractérisé par : son énergie - la longueur du moment de la quantité de mouvement (ou moment orbital)[24]
- et la projection de ce moment sur une droite LDF

Le comportement (angulaire) de la probabilité selon les différentes directions de l'espace est sous contrôle des nombres quantiques   *l* et *m.*

Les nombres quantiques sont associés à des grandeurs physiques qui se conservent LDF

1927 :Davisson, Germer : confirment l'hypothèse de **de Broglie**

1928 : **Le __principe d'incertitude__** d'**Heisenberg** indique que les particules ne possèdent jamais simultanément les attributs de position et vitesse avec une précision infinie. Ce principe est admis comme base fondamentale en Théorie quantique (*TQ*) et est aussi à l'origine des notions d'**antimatière**, de particules virtuelles et de propriétés du **vide quantique.**

Les **fermions** et les 3 interactions fondamentales dues aux **bosons** sont proposés comme concepts ainsi que la notion de **spin.**(*cf ch 2*).

Interprétation de **Born**1882_1970 de l'équation de **Schrödinger**: le carré de la fonction d'onde définit la probabilité de trouver l'objet quantique au temps voulu à un endroit donné.

---

[23] *n = nombre quantique principal. Il indique le niveau (négatif) d'énergie de l'électron dans l'atome (plus n est grand plus les niveaux se rapprochent, et à niveau =valeur nulle l'électron s'échappe)*

l = nombre quantique orbital   Il permet de calculer le carré du moment orbital ; l est lié au nombre de figures

m = nombre quantique magnétique de valeur l à -l Il permet de calculer la projection du moment orbital sur une droite passant par le centre du noyau ; m est lié à l'orientation des figures dans l'espace

[24] *Quantité de mouvement= m.V ;   moment de qqt de mvt = r.m.V   r = distance au centre du noyau*

Dirac généralise l'équation de **Schrödinger** aux particules relativistes de spin ½ et calcule le facteur de Landé, pour l'électron : il est **non** conforme aux mesures. Alors Dirac passera de l'électron au positron : l'**antimatière** théorique est née.

Pauli, Jordan montrent que la constante cosmologique d'Einstein est liée à l'énergie du vide.

*Les équations du mouvement de **Heisenberg**, les relations de commutation et l'équation d'onde de **Schrödinge**r furent découvertes sans que <u>l'on sache rien de leur interprétation physique</u>* **Dirac**

1930 : On connait, par la théorie, les particules *photon, positron, neutrino…*

1932 : **Anderson** confirme expérimentalement l'existence du positron (anti-électron);
Chadwick mesure la demi-vie d'un neutron Un neutron libre a une vie de 877s

1933 : D'après **Zwicky** il manque de la matière dans l'univers pour expliquer les vitesses de dispersion des galaxies ; la quantité de masse visible est très insuffisante pour produire la force gravitationnelle nécessaire au maintien de la cohésion de l'amas galactique. Il y a donc d'autres masses. : la **matière noire.**

1936 : **C Anderson** et S **Niedermayer** découvrent le muon.

1940 : **Le vide** n'est pas passif mais rempli de particules virtuelles **(Dirac, Feynman, Fermi)**: *il a le rôle d'une banque à qui on peut emprunter de l'énergie (d'autant moins que la durée d'emprunt est longue)* **Klein**

L'**effet Casimir** confirme la nature énergétique du vide.
Invention de la <u>théorie des champs</u> pour unifier les forces fondamentales avec une forte énergie pour le vide :

1944 : Le muon est confirmé expérimentalement.

1946 : Le méson pi ou pion est découvert.

1948 : après *EDQ*, il y a amélioration de l'équation de Dirac   et confirmation des mesures.

Phénomène étrange : la non-localité… se manifeste à travers l'"<u>intrication</u> quantique". Ce concept exprime une corrélation entre deux parties d'un système quantique composé, qui se manifeste indépendamment de la distance qui les sépare. Tout se passe comme si l'une des composantes "savait" <u>instantanément</u> ce qui est en train d'arriver à l'autre. Klein

     1950 : Les vitesses de rotation des étoiles au sein d'une galaxie devraient décroître quand on s'éloigne du centre ; ce n'est pas le cas : il manque bien de la matière dans l'univers.

Confirmation de production multiple de particules élémentaires.

     1956 Utilisation de la symétrie SU(2) dans les théories

Découverte de l'antiproton par **Segré**

     1957 : Théorème de **Bondi** sur les **masses négatives.**

     1959 : L'anti-proton est confirmé.

1960 : **J Bell** -émet le principe de localité

1964 J Bell énonce les inégalités du réalisme local

Gell-Mann et Zweig : au niveau théorique conçoivent les **quarks** de type up, down, strange , charm, bottom, top comme particules fondamentales à la base des fermions.

1965 L'anti-deuton est découvert par **Zichich**i

1967 : **Weinberg, Brout, Englert et Higgs** introduisent le champ scalaire de Higgs.

1968 : La composition du proton et du neutron en quarks est précisée par la force forte de jauge avec gluons S=1

1970 : **V Rubin** : les étoiles ont une vitesse de rotation qui ne décroit pas en fonction de la distance au centre de la galaxie à cause de la **matière noire.**

Découverte des quark top, bottom à partir de l'observation de la désintégration des kaons violant la symétrie *CP*.

1972 : SU(3) par *CDQ* Chrono-Dynamique Quantique mise au point par **Politzer, Wilczek, Gross**

1960-73 : élaboration du **modèle standard**

1980 : Découverte des bosons W, Z ;

 Grangier : Un paquet d'onde à <u>un seul photon</u> est émis ; envoyé sur une lame semi-réfléchissante il ira d'un côté, soit de l'autre mais ne sera jamais décelé des deux côtés à la fois comme le ferait une onde !

1995 : Un Quark est « observé ».

1998 : **énergie noire** ; la constante cosmologique explique correctement l'expansion de l'univers (**Peebles**)

Riess : il y a expansion accélérée de l'Univers ; d'où adieu diptyque : matière et lumière. Élaboration d'un modèle standard ACDM

2012 : le boson de Higgs est découvert.

2019 : ***DES*** *:* Dark Energy Survey confirmation de l'existence de l'énergie noire.

Fermions, bosons, spin, antimatière, vide quantique, matière noire ; énergie noire, …

Quel imbroglio ! Difficile de suivre.

Voyons d'abord ce que dit, en gros, le Modèle Standard de la matière

Le modèle standard

En quoi consiste le modèle ?

La **Physique** est l'une des disciplines des Sciences exactes qui **traite des processus, du devenir des choses** dans l'univers : comment elles bougent, évoluent, comment elles vieillissent. Elle étudie ces **phénomènes** par des représentations, c'est à dire des modélisations *physiques* puis mathématiques et, plus tard éventuellement, numériques. La description du devenir des choses au temps t est censée fournir une description *des choses* à l'instant suivant.

Les lois les plus fondamentales de la Physique correspondent à des **invariances,** c'est-à-dire que le devenir des choses ne change pas lors de **transformations dites de symétrie**[25] L'ensemble des lois fondamentales forme une **théorie physique.**

D'après **Hilbert** *(1930)* toute théorie physique doit se fonder sur des axiomes explicites, des principes physiques et des règles logiques.

La théorie de la Physique Classique, *PC*, newtonienne et einsteinienne, répond à ces critères. **Notre monde**, qui contient la matière, est alors décrit, traduit, écrit en langage mathématique ; ce qui permet des prédictions. Beaucoup de **phénomènes, événements qui se manifestent comme effets, résultats de causes connues** peuvent, en les modélisant par la *PC*, être ainsi calculés de façon plus ou moins précise, et cela de façon consensuelle.

*La théorie quantique, TQ, elle aussi, **ne dit pas comment sont les choses**, mais seulement à quoi elles ressemblent ; se demander quelle est la réalité sous-jacente n'est plus une question de science* **LR 489** *Lors d'une*

---

[25] Il y a **symétrie** lorsque, la transformation appliquée, on retrouve le même corps. *En <u>physique</u> la notion de **symétrie**, qui est intimement associée à la notion d'**invariance**, renvoie à la possibilité de considérer un même <u>système physique</u> selon plusieurs points de vue distincts en termes de description mais équivalents quant aux prédictions effectuées sur son évolution.* Wikipédia
Cf R Mattout Petite introduction à la Physique quantique par un néophyte Annexe

*expérience interprétable en Mécanique Quantique on ne fait qu'enregistrer et compter des événements..., on mesure l'énergie et l'impulsion d'une particule produites lors d'un événement d'interaction provoqué. La motivation est l'**<u>étude théorique des événements d'interaction.</u>** CohenTanoudji* Spiro *Dans l'infiniment petit (un électron a une masse de 9.10^{-31} kg) ....on dut renoncer aux lois causales et se contenter de lois statistiques ... La physique quantique doit être comprise comme la description non d'un système individuel,* discernable, *mais d'un ensemble idéal de systèmes* Einstein *....* dont elle permet de calculer les résultats de toutes les expériences réalisables.

Un modèle est une représentation théorique construite à un moment donné, modèle qui pourrait être en bois, mais qui est, pour la matière, formulée plutôt en langage mathématique sous forme d'une grosse équation nommée « lagrangien ».

Le modèle standard en question est ainsi un long lagrangien avec de nombreux termes qui permettent de décrire toutes les « particules » observées, détectées et qui <u>a été formalisé progressivement</u>. Il résulte des symétries introduites en **électrodynamique et en chronodynamique quantiques** (EDQ+CDQ) Il est difficile de traduire son langage mathématique abstrait en représentations intuitives claires… Si la *PQ* concerne le niveau microscopique invisible, elle prévoit des effets qui, eux, sont observables à notre échelle… en effet *Qui perçoit les photons en écoutant un disque compact ?* LDF

Le modèle standard est très symétrique car c'est justement en s'appuyant sur les principes de symétrie qu'on écrit un lagrangien et c'est sous la conjonction de trois symétries[26] que les grandeurs physiques sont invariantes (*P* : parité-miroir de l'espace, *C* conjugaison de charge, *T* renversement du sens du temps). Le Modèle Standard correspond à la symétrie SU(3).SU(2).U(1) cf figure suivante

Pour respecter les symétries *PCT* la Physique Quantique, *PQ*, admet l'axiome : on ne remonte pas physiquement le temps ; d'où l'on déduit un

---

[26] Cf Petite introduction à la Physique Quantique par un néophyte **R Mattout**

pendant à toute particule (de *matière)*, l'existence d'une antiparticule (*d'* « *l'antimatière* »).

Pour construire le modèle standard on part d'une symétrie électrofaible qui lie interactions électromagnétique et faible, l'interaction forte reposant sur une autre symétrie impliquant l'invariance d'une propriété, la « couleur », de certaines particules **PLS481**

Le modèle standard décrit, en fait, comment des « particules élémentaires », *quarks, électrons, neutrinos…*, sont soumises à « trois interactions fondamentales ». Il a évolué (de 1960 à 1973) pour intégrer toutes les particules découvertes au fur et à mesure. Il décrit le *connu* avec précision. **PLS HS 114**

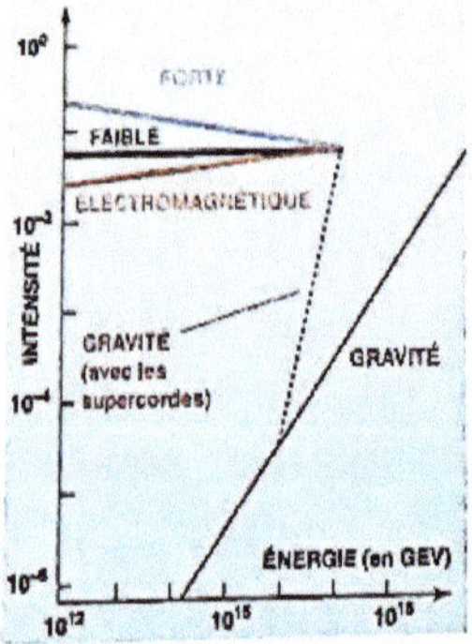

SYMÉTRIE DE JAUGE	INTERACTION	BOSON MESSAGER
GROUPE U(1) : les lois de la physique sont invariantes par changement de phase	ÉLECTRO MAGNÉTIQUE	PHOTON spin 1 masse 0
GROUPE SU(2) : les leptons (électron et neutrino) sont interchangeables	FAIBLE	W^+ et W^- spin 1 masse 83 Gev
GROUPES SU(2) et U(1) : théorie d'unification électrofaible	ÉLECTRO-FAIBLE	W^+, W^- et Z^0 spin 1 masse 83 Gev
GROUPE SU(3) : les lois de la physique sont invariantes par permutation de «couleur»	FORTE	GLUONS spin 1 masse 0
PRINCIPES DE RELATIVITÉ ET D'ÉQUIVALENCE : Invariance par changement de référentiel	GRAVITATIONNELLE	GRAVITON spin 2 masse 0

3. LES FORCES FONDAMENTALES découlent de certains principes de symétrie auxquels obéissent les particules de matière. Le modèle standard établit que les interactions électromagnétique et faible s'unifient en une seule force électrofaible et suggère que l'interaction forte les rejoint plus tard, au-delà de 10^{15} gigaélectronvolts. Il semble que la gravitation ait un statut à part. Même si elle découle d'un principe de symétrie, elle n'entre pas dans le cadre des théories quantiques dites de Yang et Mills. De plus, elle est si extraordinairement faible, par rapport aux trois autres, que le modèle standard ne prédit pas son unification à haute énergie. Les supercordes permettraient de lever ces deux difficultés.

PLS300-18

Nous ne pouvons plus considérer comme une chose "en soi" les moellons de la matière, lesquels étaient à l'origine tenus pour la réalité objective ultime ... Nous ne disposons pour tout objet de science que de notre connaissance de « ces particules élémentaires ».

Alors qu'en sait-on ?

Propriétés d'une particule quantique

Une **particule quantique**, particule élémentaire, est *ce qu'un détecteur de particules détect*e RJ Glober ; le détecteur, lui-même, est placé dans un état d'énergie minimale, et une particule va le mettre en état d'énergie plus élevé Unruh : Elle est ainsi détectée, « observée », mais bien sûr pas vue ! C'est un *phénomène* qui agit sur un détecteur.

Une particule, ou une antiparticule, est donc associée à une énergie et/ou à une onde et est <u>définie par ses propriétés</u> (ou son état) dans des champs. On parle de **quanton** associé à une ou des valeurs quantifiées. Cette représentation est d'autant plus virtuelle que toute particule peut être associée à son antiparticule qui possède tous les états de la particule à l'exception de son éventuelle charge électrique qu'elle possède en signe opposé, et que particule et antiparticule en présence s'annihilent ! L'abolition de la distinction entre champ-onde et particule relève d'une symétrie. Il faut souligner le caractère abstrait de ces éléments quantifiés qui forment la « représentation » des éléments de la matière. d'après **LDF-CDS**

Les particules de matière ordinaire qui seront ainsi « représentées » sont, déjà, inobservables au sens classique du terme; or aux très petites échelles, à l'intérieur dans ces particules corpusculaires, il y a existence de processus discontinus. En effet *la structure fine de la matière-particules élémentaires, ou de l'énergie équivalente, est discontinue puisque* elle est le *produit d'un certain nombre d'actions de* **Planck** *lié à une fréquence associée au corpuscule.* E Klein

Si on prend ^{Pl}h et c comme unités fondamentales, alors les grandeurs *fréquence* et *énergie, vecteur d'onde* et *moment,* et *longueur* et *durée,* 2 à 2, ont même dimension C-T S

*L'information concernant <u>**un état quantique**</u> d'un quanton se trouve dans la fonction d'onde* [27]*qui lui est associée donc dans la distribution de probabilité de présence de la particule*

Tout état est constitué, virtuellement, de toutes les configurations possibles permettant de réaliser une symétrie. (Comme) *la théorie de* **Dirac**

---

[27] Cf Petite Introduction à la Physique Quantique par un néophyte **R Mattout** ed Bod

permet de créer des paires (particule +antiparticule*), alors ...une particule est toujours un système composé : elle peut être cette particule et une ou deux paires ;... elle change, transmute, est dynamique ;...un proton n'est pas qu'un proton; il peut être proton +paire électron-positron...* Heisenberg Comme la surface de l'océan agitée parcourue de vagues forme parfois des gouttelettes, le vide est agité par des paires de particules qui jaillissent d'une mer d'énergie emplissant tout l'espace puis se désintègrent LR893-4

Les quantons ont, sont, une **masse-énergie,** sont en mouvement perpétuel, et/ou sont représentées par des **champs-ondes**. La masse-énergie d'une particule « au repos », occupant un certain volume, est une constante universelle ; représentée par une onde, la particule n'est qu'énergie. Masse et énergie s'expriment en eV (ou eV/c^2 ou en kg ou en $°K$ ou en multiples de ces valeurs).

Lorsque les propriétés ondulatoires l'emportent sur les propriétés corpusculaires, le quanton apparait comme une chose étendue, comme une onde ; il perd sa localisation. Les ondes qui se réfléchissent sur les parois d'une enceinte et telles que l'amplitude et la longueur d'onde soient adaptées à la forme et aux dimensions de l'enceinte (en résonance) créent des nœuds et des ventres ; ce sont des ondes stationnaires. L'onde stationnaire est caractérisée par des nombres entiers : le nombre de nœuds par exemple ; c'est là l'origine des **nombres quantiques** de Planck et Bohr pour la constitution de la matière.

Les particules peuvent être chargées ou non avec une **charge électrique** discrète, Q, correspondant à 0 pour une particule neutre, ou un ou plusieurs *tiers* de la charge de l'électron, pour une particule chargée en positif ou négatif.

Les particules ne se manifestent qu'une certaine durée : leur **durée de vie** (ou demi-vie).

La TQ amende les notions de position et vitesse pour une particule mais affecte à tout quanton un moment cinétique. En effet les équations de Dirac induisent **l'existence d'un spin** pour chaque particule quantique afin de satisfaire à la conservation du moment angulaire qui traduit les propriétés rotationnelles (et non de rotation pure) de la particule. Sa valeur est discontinue, quantifiée : les valeurs de spin sont des multiples ou moitié de ^{Pl}h. Quand les valeurs du spin sont des multiples de $^{Pl}h/2\pi$ on parle de spin « entier »,ou $^{Pl}h/4\pi$ on parle de spin « demi ». ». Le moment angulaire de spin de toute particule a une direction et une orientation. Une particule de spin zéro n'a pas d'axe de rotation ; elle n'a qu'une composante. Une particule de spin ½ a deux composantes (ou deux états ; parallèle ou antiparallèle) Une particule de spin unité possède trois orientations. (parallèle, antiparallèle ou transversale). **PLS 473**

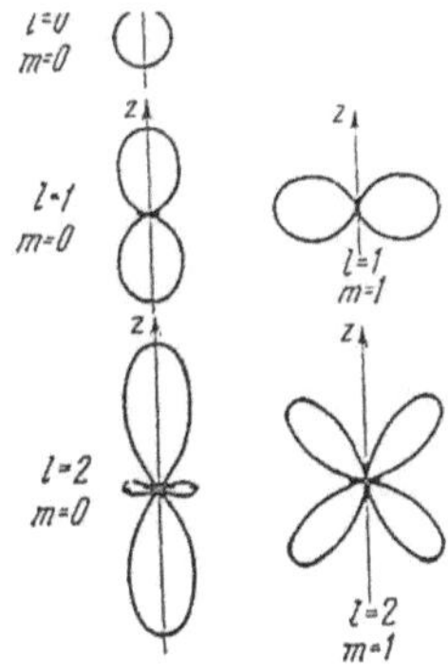

Figure 5.

Pour $l = 1$ on obtient une figure qui ressemble à une *antenne à deux lobes en forme de huit.*
Pour $l = 2$ quatre lobes apparaissent, comme dans un *trèfle à quatre feuilles.*
Pour $l = 3$ on voit six lobes. Un *trèfle à six feuilles* s'il en existait.
Quant au nombre quantique m il détermine l'orientation de cette figure dans l'espace.   **LDF**

Si le spin de la particule est S, entier ou demi-entier, le nombre de dimensions du champ, ou **nombre d'orientations** q de la particule, est $2S+1$, les orientations étant $-S,-S+1,....S-1, S$;   Si S est entier, ce nombre q est impair, demi-entier q est pair. Ce qui permet de définir un champ scalaire (pour $2S+1=1$, le champ est à une variable ; d'où $S=0$, associé par exemple à un méson), un champ à spin (pour $2S+1=2$, le champ est à deux variables ; $S=1/2$ associé à électron, positron, neutron ,

…), un <u>champ vectoriel</u> (2S+1=3, 3 variables ;S=1 pour bosons), un <u>champ tensoriel</u>   (2S+1=5, S=2) **cts**

Ex : l'électron a pour spin S= ½, son nombre d'états : q= 2*1/2 +1= 2 (avec spin vers le haut ou le bas) ;   Q = -1 ; masse(électron) = 0,5MeV/c² **ct-s**

L'<u>hélicité</u> est la ligne de vol d'une particule dont la **chiralité** dépend du signe de la projection du spin sur la ligne de vol   …Elle se désigne par +-1 ou Gauche ou Droite Pour une particule de masse nulle la chiralité est invariante.

Certaines particules ont pour propriété une autre **<u>charge (dite) de couleur</u>** ; trois couleurs et une couleur neutre (ou blanche) sont possibles.

Les particules neutres sont nécessairement leur propre antiparticule, leur propre image dans un miroir: ce sont des **particules de Majorana**

Quand deux ou plusieurs objets sont identiques on peut les discerner pourvu qu'on puisse les suivre chacun dans leur mouvement en les localisant à chaque instant…. Mais quand, en raison des propriétés ondulatoires, deux particules qui auraient empiété l'une sur l'autre, ont des localisations floues, elles deviennent **<u>indiscernables</u>**, car ayant perdu leur identité en route. **Lochak Diner Fargue**
Remarquons que le phénomène d'indiscernabilité *devrait* se retrouver en macroscopique.

Un quanton donné est partout le même dans l'Univers, et n'est pas toujours individualisé : il peut être remplacé par tout autre quanton possédant le <u>même état</u>. **d'après LDF-CDS**

Les systèmes quantiques sont formés de particules indiscernables, donc sont invariants quand on permute ces particules ; ainsi il y a soit invariance de la fonction d'onde, soit changement de signe de la fonction ; d'où il y a deux types de particules, entités élémentaires. *La « rotation » liée au spin des particules peut s'effectuer avec différentes vitesses ou énergies et aussi de deux manières différentes. Une des manières définit* *les **fermions**, de spin demi-entier (tels que les électrons) qui ont une fonction d'onde antisymétrique (le signe de la fonction change après une permutation). L'autre manière définit les **bosons** de spin entier qui ont une fonction d'onde symétrique (son signe ne change pas lors d'une permutation de particules). Plusieurs bosons peuvent alors occuper le même état mais deux fermions occupent nécessairement des états différents. Une rotation de 2π laisse invariante la fonction d'onde d'un boson, et l'invariance de la fonction d'onde d'un fermion n'est obtenue qu'avec une rotation de 4π. Ces particules ont des statistiques différentes pour chaque type.* LDF PLS 473

Les lois de la Physique des particules élémentaires sont censées être rigoureuses, universelles et immuables à l'opposé des lois et disciplines qui traitent d'objets individualisés et qui sont approximatives car elles doivent prendre en compte l'histoire et l'évolution qu'ils subissent. *Les lois de la Nature ne concernent plus les particules.... mais seulement la connaissance que nous en avons* Heisenberg

Cette connaissance vient d'expérimentations et d'hypothèses.

Quelles sont les particules fondamentales ?

Les particules (les quantons) les plus élémentaires connues à ce jour sont :

6 quarks de 3 couleurs différentes + 6 leptons   = 24   fermions

+ 24 antiparticules

+ 8 gluons+1 photon+3 bosons intermédiaires +1 higgson =

+ 13 bosons

= 61 particules

-   On fait aussi cette classification   (**SHD**1988)

Quarks : 3 générations (u,d), (c,s), (t,b) ; 3 couleurs (rouge, jaune, bleu), 2 hélicités – Gauche, Droite)   36

Leptons : $(\nu^0_e,e^-)_G$, $(e^-)_D$, $(\nu^0_\mu,\mu^-)_G$, $(mu^-)_D$, $(\nu^0_\tau,\tau^-)_G$, $(\tau^-)_D$ 9

Gluons : 8 d'hélicité (+-1)   16

Messager γ **1**

Messagers W+, W-,Z d'hélicité (+-1,0) et g d'hélicité (+-1)   11

Higson   **1**

- D'où : 74 sources et messagers ? sans compter les antiparticules tableaux p57_58 **SHD**

Ces particules quantiques élémentaires sont, en fait, des entités qui « représentent » par des propriétés et des états mesurables, quantifiables, tous les éléments constitutionnels de la matière. Elles forment donc une *représentation abstraite* de ce qui va être la matière, ou plutôt elles sont *des outils qui nous permettront de <u>comprendre les effets</u> de la matière*.

<u>C'est par de nombreuses interactions entre ces quantons que la matière nai</u>t. Et inter-agir c'est toujours, au minimum, échanger entre deux entités une énergie minimale pendant une durée minimale: c'est *réaliser une action*.

Remarque : les principes de symétrie forment le socle du modèle standard ; par transformation électrons et neutrinos électroniques sont liés, quark up et down, aussi, ou bosons Z et W…et un fermion reste un fermion, un boson reste un boson.

Par contre en introduisant dans le modèle une supersymétrie, un fermion peut devenir un boson et réciproquement.

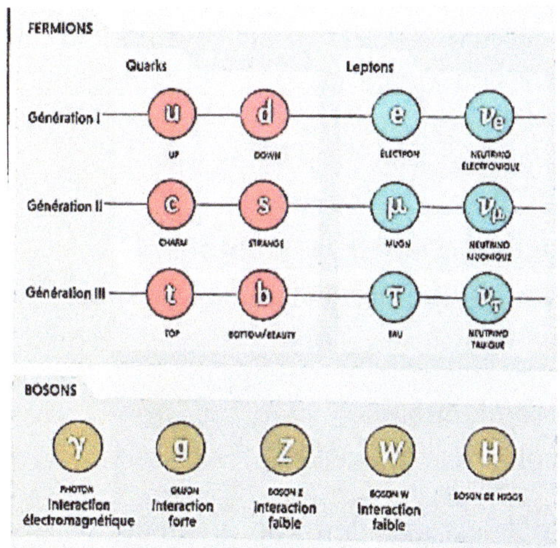

PLS275

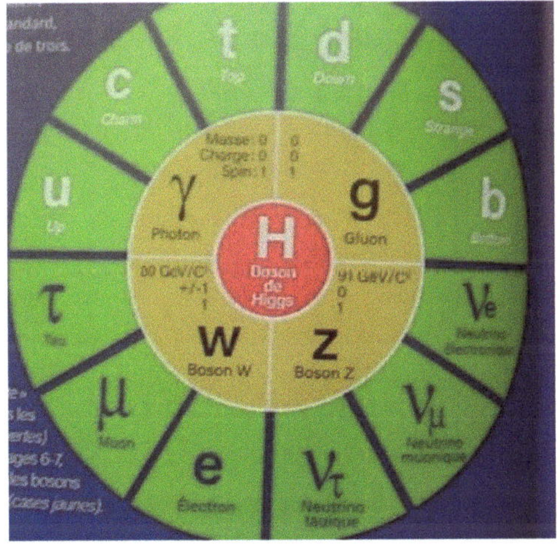

Les bosons

Appelés aussi *messagers* ou *médiateurs*

En *PQ* l'interaction entre deux quantons *fermions* est concrétisée par « quelque chose » qui s'échange entre eux… L'interaction entre deux particules ne s'exerce que par l'échange d'un troisième quanton, un **boson.**
PLS471

Un boson ou « messager » est, en fait, un paquet quantifié d'énergie d'un champ d'ondes, un <u>quantum qui véhicule une force</u>. Les bosons véhiculent les *trois* «**forces fondamentales**» :

- L'interaction forte, par les **gluons**,
- L'électromagnétisme, par les **photons**
- et l'interaction faible, par les bosons **W+, W-, Z**.

Le boson de **Higgs** a un rôle spécial.

Les forces fondamentales dans notre Univers sont ainsi des émanations des bosons (sauf la gravitation).

Les bosons sont tels que deux ou plusieurs particules de même type manifestent une préférence pour se trouver dans le même *état* au même moment (la **stimulation** est possible). E Klein *Les bosons sont de véritables moutons de Panurge : ils peuvent coexister, s'accumuler, s'agglutiner dans un même état, portés par une même onde d'autant plus qu'ils sont nombreux.* Un boson peut stimuler l'émission de nouveaux bosons.

Ex : une onde lumineuse de fréquence (couleur), *et polarisation déterminées et cohérentes* (de même phase*) pourra posséder un grand nombre de photons cohérents ; si elle tombe sur un atome capable d'émettre un photon de même couleur, celui-ci se joindra aux autres (émission stimulée de lumière)*LDF Les bosons sont alors soumis à une **statistique quantique**, celle de **Bose-Einstein**.

Les bosons sont de **spin** entier *0, 1, 2*, …, en général de spin *1*, mais le boson de **Higgs** a un spin nul.

La force produite par un « messager » a une certaine **portée.**

o *Les gluons,*

Neutres électriquement, les gluons[28] sont des champs d'opérateurs porteurs de *couleurs* qui attirent les quarks entre eux et qui permettent de leur attribuer à chacun une couleur ou une anticouleur. La couleur, ou

---

[28] M=0, Q = 0 ; S =1 ; hélicité= + -1, le gluon sans masse attribue une des 3 couleurs aux quarks ;

plutôt la <u>charge de couleur</u>, est au cœur du phénomène de *confinement* des quarks.

La portée de l'interaction forte, de *10^{-15}m*, est *100 000* fois inférieure au rayon d'un atome PLS 328 L'interaction forte (environ 300 G.eV) est 10^{38} fois plus intense que la gravité ! mais elle n'agit qu'à des distances subatomiques (dans les nucléons).

Les gluons peuvent porter couleurs et anti-couleurs, interagir entre eux, donc s'échanger, et peuvent s'assembler en *boules* de gluons.

o *Les photons,*

Quantons γ, sans masse et neutres, les photons véhiculent la force électromagnétique. Ils ont une portée infinie, mais n'agissent pas sur les neutrinos. Le photon est le quantum du champ électromagnétique Gell-Mann ; [29]Il interagit avec les fermions chargés électriquement et ainsi assure l'attraction de particules de charges électriques opposées. Les forces électromagnétiques vérifient la symétrie P.

Un photon est « une excitation quantique élémentaire d'une onde classique », la lumière s'échangeant par «paquets d'énergie» (donc quantifiée). Avant d'être détecté un photon est partout à la fois, et capté il n'est plus qu'à cet endroit ; il n'a pas de taille ni de masse propre mais il transporte une énergie proportionnelle à la fréquence de l'onde LR568

Un photon peut être dans deux états à la fois mais s'il interagit avec l'environnement il perd son état de superposition. Les photons n'interagissent pas directement entre eux mais on peut faire des opérations sur des photons « purs » et en obtenir « à la demande »LR 568

Pour produire (en laboratoire) un seul photon il est nécessaire d'isoler un seul atome ou d'obtenir des nanostructures de cristaux semi-conducteur comportant des milliers d'atomes mais se comportant comme un seul. L'émission du photon doit être

---

[29] S =1 ;   masse (photon) = 0 ;

synchronisée à une horloge afin de connaitre sa position à chaque instant et avoir un spectre de fréquence, une polarisation, une forme temporelle… connus.

Si à l'aide d'une source on crée des photons jumeaux qui présentent des corrélations si fortes, que, même séparés, ils constituent un seul système quantique on a obtenu deux photons **<u>intriqués</u>**.

.

Avec la supersymétrie les photons pourraient se scinder en deux *bosons de Majorana* (particules qui sont leurs propres antiparticules) **LRSV 900**
Dans un milieu optique non linéaire (à forte densité d'énergie) un photon peut se scinder en deux, ou deux photons peuvent fusionner avec conservation d'énergie.[30]
Cela permet de créer des photons intriqués.
Deux photons d'égale énergie peuvent aussi être *intriqués* par échange de *phonons* (paquets d'énergie de vibrations matérielles ; cf atomes).
Le photon est un Qbit[31] volant : il transporte de l'information mais ne peut la stocker. Les Qbits statiques conservent l'information pendant des microsecondes et permettent les interactions pour produire de l'intrication
La lumière est formée de paquets de photons ; un laser émet des milliards de photons par seconde. (Laser : *100 MW/cm²*). Un faisceau lumineux poursuit son chemin en ligne droite insensible aux champs magnétiques ou électromagnétiques ambiants, robuste, imperturbable, indépendant **LR568Aspect**
La fusion nucléaire dans les étoiles émet des photons. Les étoiles de l'Univers ont créé 4.10^{84} photons **LR568**
Quand l'information est transmise par des photons, les photons sont« réels »… (imagerie, optogénétique…web…).

Les forces électromagnétiques sont considérées comme les « forces de la vie » parce que toutes les liaisons chimiques sont d'origine électrique, de même que les phénomènes d'influx nerveux

---

[30] $^{Pl}h.\nu_1 + {}^{Pl}h.\nu_2 = {}^{Pl}h.\nu_3$

[31] Qbit : unité élémentaire d'information quantique.

o **Les bosons de l'interaction faible**

Ils ont une portée faible de $10^{-17}m$ et gouvernent la désintégration des particules (la radioactivité) ; ils ont une masse, et une charge pour W. [32]

La Force faible est *presque* universelle car **elle n'agit qu'entre particules « gauches »**, entre membres des doublets leptoniques, nucléaires, et nucléaire-leptonique. Ceci viole la symétrie miroir !SHD

o **Higgson**

Weinberg, Brout, Englert et Higgs ont introduit le champ scalaire de **Higgs** à *quatre* composantes. Il permet de définir une énergie potentielle de forme « chapeau de mexicain » avec une position nulle instable au centre du chapeau ; le champ évolue spontanément vers une position quelconque minimale qui induit une brisure de la symétrie électrofaible initiale. L'interaction électrofaible se scinde en interaction faible et électromagnétique: les bosons W+, W- et Z acquièrent une masse ; il reste la quatrième composante : la particule de **Higgs** de *100* fois la masse du proton PLS481

Le **champ de Higgs** *BEH* est universel présent partout ; de spin *0* il interagit sur lui-même.

Les particules de matière acquièrent ainsi une « vraie » masse d'autant plus forte que le couplage avec le champ de Higgs est fort (+ champ de quarks, champ de leptons) **2012**

Remarque : À $10^{-15}m$ de portée la **force gravitationnelle** est 10^{40} fois plus faible que l'interaction forte agissant entre neutron et proton. **<u>Cette force ne fait pas partie du modèle standard.</u>**

Sur les figures de la page suivante sont décrites les évolutions des portées des trois forces fondamentales, comment on peut simuler l'effet de la création de masse et quel est le mécanisme du boson de Higgs.

---

[32] Masse (W) = 87masse (proton) **PLS 536**   W= 80 433 M.eV   masse(Z) = 97 masse (proton); 1masse (proton) =1G.eV=1,6.10^{-10} J= 10^{13}°K

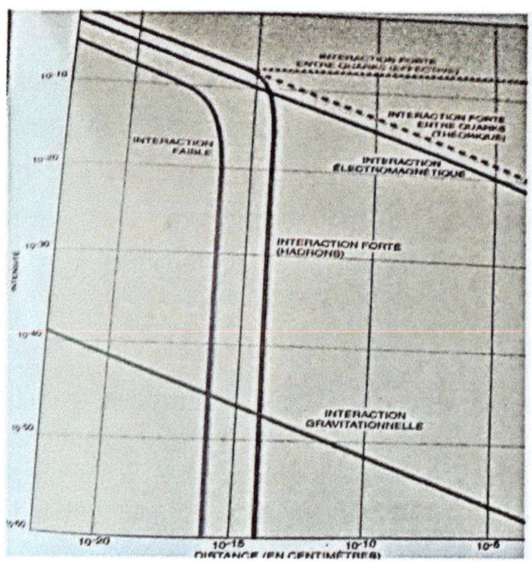

actuels du CERN. Puis, quand le LHC fonctionnera, une énergie encore 30 fois supérieure par nucléon donnera une idée plus précise de l'Univers quand il était dans une phase déterminante de son évolution.

Les études des mésons B, au LHC, devraient expliquer pourquoi l'Univers contient apparemment plus de matière que d'antimatière. Un tel déséquilibre ne s'explique que si les quarks et les antiquarks lourds se désintègrent à des vitesses différentes. Le Modèle standard rend compte de ce déséqui-

PLS 275

LE MÉCANISME DE HIGGS POUR BRISER LA SYMÉTRIE

L'ingrédient fondamental du mécanisme de Brout-Englert-Higgs, qui donne leur masse aux bosons intermédiaires W⁺, W⁻ et Z, est un champ scalaire : le champ de Higgs. Un champ scalaire est un objet mathématique qui associe une valeur à tout point de l'espace et à chaque instant, à l'instar d'une carte des températures. Le champ de Higgs est universel, présent partout dans l'Univers.

Les équations de la théorie présentent certaines symétries. C'est notamment le cas du potentiel scalaire qui indique l'énergie potentielle du champ de Higgs en fonction de la valeur de ce champ. La forme du potentiel, souvent qualifiée de chapeau mexicain (ci-dessous), fait que la position centrale, pour laquelle la valeur du champ est nulle (correspondant au sommet du chapeau) est une position d'équilibre instable, car l'énergie n'y est pas minimale. Le champ évolue donc spontanément vers une valeur d'équilibre non nulle, qui correspond à une valeur minimale du potentiel. Si l'expression du potentiel est symétrique, ce n'est pas le cas des positions d'équilibre possibles du champ ; toutes sont équivalentes, mais aucune ne présente la symétrie initiale du potentiel. On parle de brisure spontanée de symétrie.

Cette brisure a d'importantes conséquences. L'interaction électrofaible se transforme en deux forces distinctes : l'interaction électromagnétique et l'interaction faible. La première est véhiculée par le photon, de masse nulle, et la seconde est transmise par les bosons intermédiaires W⁺, W⁻ et Z, qui acquièrent une masse. Les particules qui composent la matière (quarks, électron, etc.) acquièrent aussi une masse en interagissant avec le champ de Higgs : plus le couplage est élevé, plus la masse est importante.

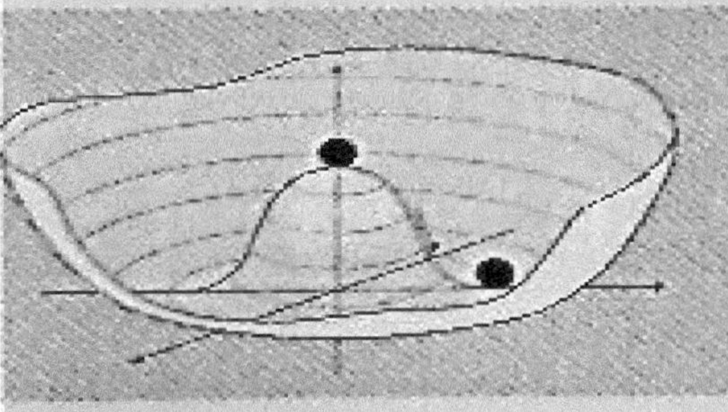

ndard que les expériences *Atlas* et *CMS* ont tectée en 2012, au grand collisionneur LHC Cern. L'existence de cette particule de 5 gigaélectronvolts (plus de 100 fois la sse d'un proton) a ainsi confirmé la perti-

PLS 560

Les fermions

Les fermions sont appelés aussi *Sources*

Les fermions sont les représentants des <u>éléments constitutifs des atomes et molécules</u>. Mais les fermions, quantons sans dimension spatiale mesurable, sont aussi associés à des « champs » dont ils sont l'excitation.

Ils obéissent à la statistique de **Fermi-Dirac** et au principe d'exclusion de **Pauli**: deux fermions de même nature (deux électrons libres par exemple) ne peuvent jamais se trouver dans un même état quantique (même orientation) simultanément et occuper la même région de l'espace. Cela explique la stabilité de la matière LDF PLS321

Ils sont classés en -:

➢ 2 groupes
-   6 **quarks ayant trois couleurs,** ou saveurs, (rouge, jaune ou bleu) pour chacun **:**
   up (ou u), down (ou d), charme (ou c), strange (ou s), top (ou t) et bottom
   (ou b)

-   6 **leptons** : électron (ou e), muon (ou μ), tauon (ou τ), neutrino électronique (ou υ_e), neutrino muonique (ou υ_μ) , neutrino tau (ou υ_τ)

➢ ou 3 familles :
   -   la 1^{ière} famille contient les quarks up et down, l'électron et le neutrino électronique   formant la   « **matière ordinaire**» ;
   -   les   2ième et 3ième familles contiennent les quarks : charme, strange, top, bottom et les leptons : muon, neutrino muon, tau et neutrino tau. Ces dernières familles forment la **matière très courte durée de vie**.

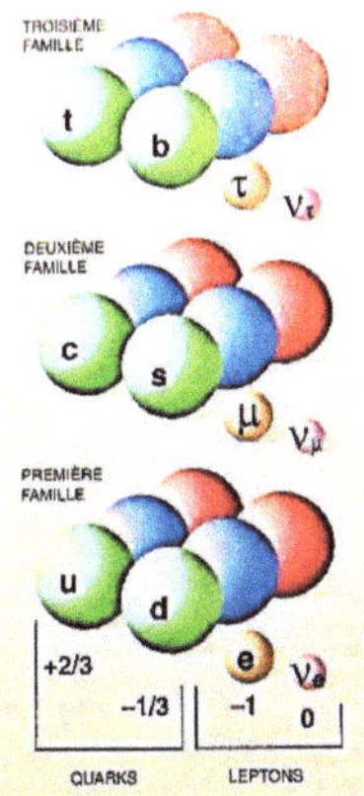

1. CHACUNE DES TROIS FAMILLES de particules de matière est constituée de deux quarks portant une charge électrique fractionnaire (2/3 ou −1/3) et une des trois couleurs possibles (rouge, vert et bleu), ainsi que de deux leptons (une sorte d'électron (en jaune) et son neutrino associé (en jaune)). L'essentiel de la matière ordinaire est constitué de la première famille : l'électron, les quarks u et d qui forment les protons et les neutrons du noyau atomique, et le neutrino de l'électron qui n'intervient que dans les interactions impliquant la force faible

PLS 300

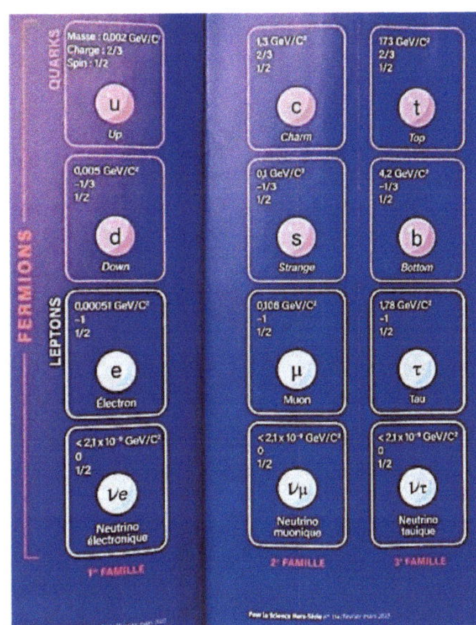

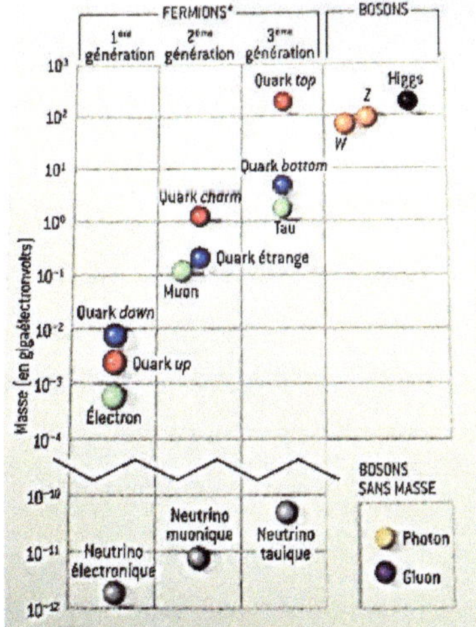

* Les fermions sont divisés en quarks et en leptons, ces derniers incluant les électrons, les muons, les taus et trois formes de neutrinos.

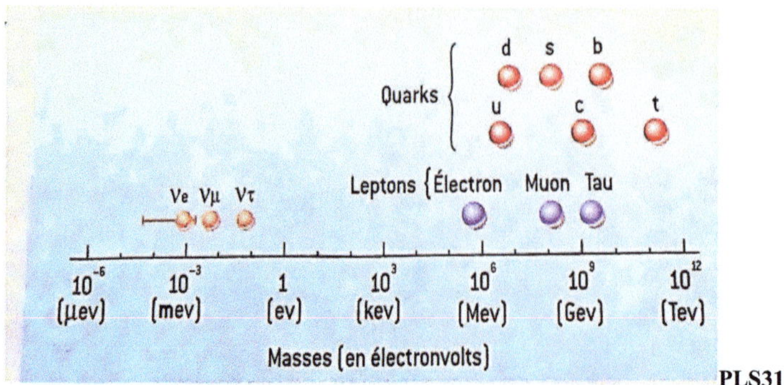

PLS312

Tous les fermions de l'Univers sont identiques : par exemple tous les électrons sans exception ont même masse, même charge, même spin et sont indistincts **PLS 297**

o *La matière quark « existe ».*

Soulignons le fait que les quarks peuvent être de 3 couleurs différentes et leurs antiquarks ont des *anticouleurs*.

Un quark a une masse-énergie, un spin ½, une charge électrique 2/3 ou -1/3, et 3 couleurs possibles : rouge, jaune, bleu éventuellement échangeables ; les antiquarks ont même masse et spin, mais charge opposée et anti- couleur. **PLS471**[33] Les quarks ne sont jamais seuls, isolés.

---

[33] M(quark) = de 2 MeV (pour u, d) à 100 (pour s), 1000 (pour c, b) et 200 000 (pour t) MeV
Les antiquarks ont aussi des masses de 2 à 200 000 MeV
 Les quarks s et d ont une charge électrique -1/3 et le quark u a une charge +2/3 ; leurs antiquarks ont des charges opposées

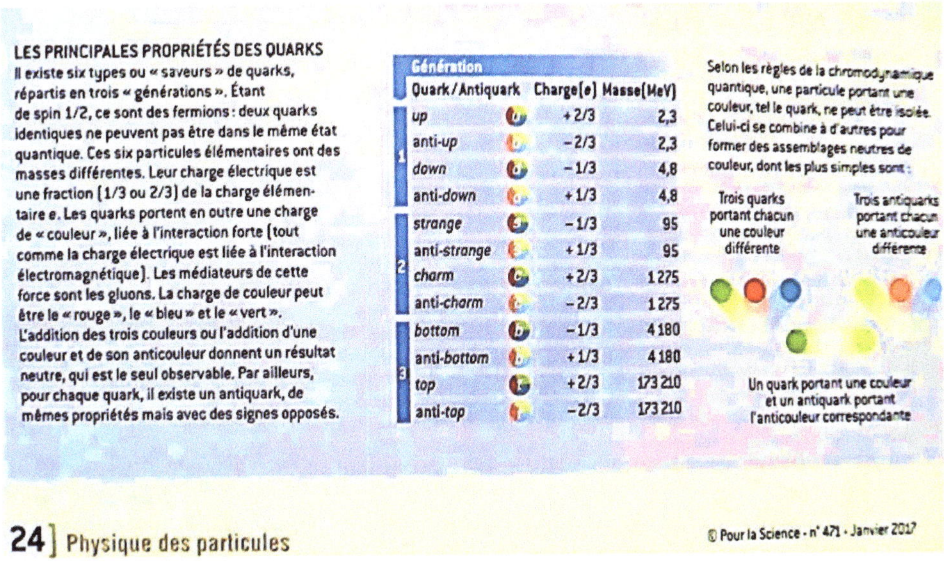

LES PRINCIPALES PROPRIÉTÉS DES QUARKS

Il existe six types ou « saveurs » de quarks, répartis en trois « générations ». Étant de spin 1/2, ce sont des fermions : deux quarks identiques ne peuvent pas être dans le même état quantique. Ces six particules élémentaires ont des masses différentes. Leur charge électrique est une fraction (1/3 ou 2/3) de la charge élémentaire *e*. Les quarks portent en outre une charge de « couleur », liée à l'interaction forte (tout comme la charge électrique est liée à l'interaction électromagnétique). Les médiateurs de cette force sont les gluons. La charge de couleur peut être le « rouge », le « bleu » et le « vert ». L'addition des trois couleurs ou l'addition d'une couleur et de son anticouleur donnent un résultat neutre, qui est le seul observable. Par ailleurs, pour chaque quark, il existe un antiquark, de mêmes propriétés mais avec des signes opposés.

Génération	Quark/Antiquark	Charge(e)	Masse(MeV)
1	*up*	+2/3	2,3
	anti-*up*	−2/3	2,3
	down	−1/3	4,8
	anti-*down*	+1/3	4,8
2	*strange*	−1/3	95
	anti-*strange*	+1/3	95
	charm	+2/3	1 275
	anti-*charm*	−2/3	1 275
3	*bottom*	−1/3	4 180
	anti-*bottom*	+1/3	4 180
	top	+2/3	173 210
	anti-*top*	−2/3	173 210

Selon les règles de la chromodynamique quantique, une particule portant une couleur, tel le quark, ne peut être isolée. Celui-ci se combine à d'autres pour former des assemblages neutres de couleur, dont les plus simples sont :

Trois quarks portant chacun une couleur différente

Trois antiquarks portant chacun une anticouleur différente

Un quark portant une couleur et un antiquark portant l'anticouleur correspondante

24 | Physique des particules

© Pour la Science - n° 471 - Janvier 2017

- *Les leptons*

1. Deux **électrons** libres, comme tout fermion, à spin de même orientation ne peuvent pas simultanément avoir la même énergie et occuper la même région de l'espace **PLS321**

Un électron a une quantité de mouvement et comme champ ondulatoire a une longueur d'onde [34]

L'électron a une masse beaucoup plus petite que celle du proton m(e) = m (proton)/2000

La rencontre d'un électron et d'un positron fournit de l'énergie $511 keV$ avant de disparaitre **LR883**

Constitués d'électrons immobiles et répartis de façon régulière des cristaux de **Wigner** ont été produits dans des matériaux d'épaisseur

[34] masse(électron) : M = 0,5M.eV/c^2 = 10^{-30} kg ; Q=-1 ; S =1/2 λ(e)= 10^{-10} m moment magnétique et sa projection m= +1/2 ou -1/2 λ = ^{Pl}h / M.V , M.V est la quantité de mouvement de l'électron se déplaçant à la vitesse V

monoatomique ; les électrons libres sont figés selon un motif de maille triangulaire **PLS 528** On obtient ainsi un cristal d'électrons !

2. **Muon et Tau** ont même spin et charge électrique que l'électron ;

Le muon est un lepton 207 fois plus massif que l'électron ; sa durée de vie est de 2,2µs : il est instable **LR892**
Son moment magnétique ne correspond pas à la valeur théorique **LRSV 899** Il aurait un moment magnétique « anormal » [35]

3. Les **neutrinos** ont une masse nulle (ou presque) et une charge nulle

Les neutrinos interagissent peu avec la matière ; ils traversent notre corps ; 63 G. de neutrinos venus du soleil traversent chaque cm^2 de notre peau par s. *20 millions sont issus du Big Bang, 1,5 G . viennent des supernovae et 5 000 de nos propres os !* **PLS 312.**
Les neutrinos ont une hélicité gauche, leurs spins ont une orientation différente de leurs quantités de mouvement et les antineutrinos sont droitiers
Il y a trois saveurs de neutrinos : électronique, tau et muon ; les neutrinos passent d'une saveur à l'autre **L883**

---

[35] Son anomalie de moment magnétique $(g^{-2})/2 = 116592061(+ - 41).10^{-11}$ mesuré et l'écart est de 251.10^{-11} avec la valeur théorique ancienne et $116591810(+-43).10^{-11}$ avec la nouvelle.

Quarks + électrons sont des quantons qui, associés, formeront des particules matérielles ordinaires. Les autres fermions ont des durées de vie très   courtes.

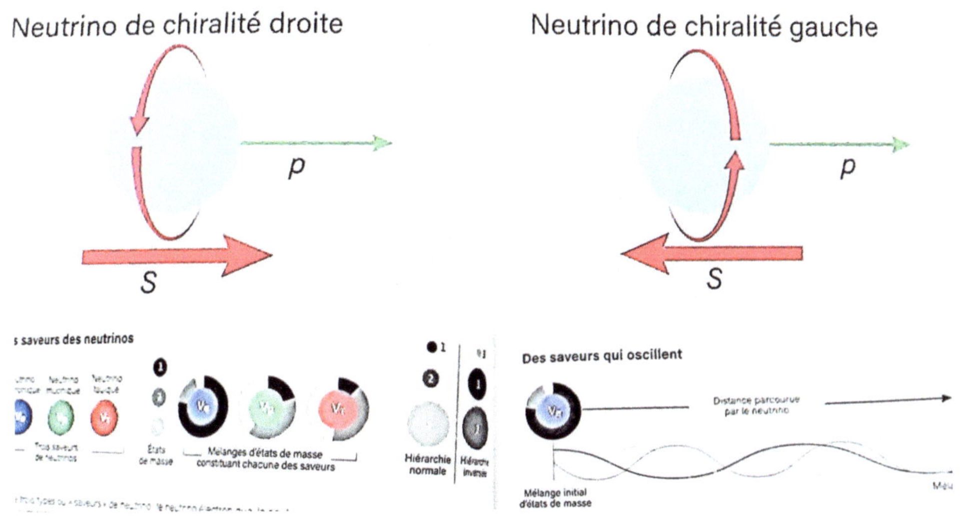

PLS560

Les couplages, assemblages de quantons et leurs dissociations

Toute interaction entre fermions fait intervenir des bosons. .Les interactions dans le monde quantique sont régies par des *lois non locales* qui ne violent pas la causalité relativiste Aspect LR 568 Elles donnent naissance à d'autres particules, parfois de nouvelles entités.

- Il y a **émergence** d'une nouvelle entité lorsque les comportements collectifs auto-organisés qui apparaissent, pour une collection d'éléments, le font comme venant d'une seule entité PLS 549
- Des règles doivent être respectées pour assembler une nouvelle entité : **la charge** globale d'un système **reste constante**.

- Des messagers de masses égales peuvent se regrouper en multiplets n'ayant que certaines tailles : singulet, triplet, octet… <u>mais sans autoriser les tailles intermédiaires</u> **SHD**
- Toute particule (ou champ correspondant) peut être <u>accompagnée de paires de particules virtuelles</u> venant du vide (ou superposé à leur champ). La variété de particules fondamentales est ainsi considérable.
- Toute particule, par l'action d'une autre particule, peut se **désintégrer** en d'autres particules.

Toute interaction entre particules est aussi un couplage entre champs. Ex : le champ Photon ou la particule Photon agit sur le champ électron ou les particules électron et positron… **CTS**

*Le quantum échangé (dans toute interaction) n'a qu'une existence éphémère : une fois émis il doit être réabsorbé par une particule avant qu'une expérience ne le détecte ; c'est une **particule virtuelle** qui a détourné une quantité d'énergie qui doit être restituée. Plus la masse de la particule virtuelle est importante, plus l'énergie empruntée est grande et plus la portée de la force d'interaction est petite afin de restituer l'énergie au plus tôt ; si la masse est nulle, la portée est infinie* **PLS 1998**

On utilise les diagrammes de **Feynman** pour imager ces couplages (de composition-désintégration, le temps défilant du bas en haut) cf p suivante

À basse température des bosons peuvent créer un gaz de **Tonks-Girardeau** ayant des propriétés de pseudo-fermions **PLS 322**

Des fermions en nombre impair constituent de nouveaux fermions ; mais en nombre pair ils s'assemblent pour constituer des bosons.

Les particules composées (telles que les atomes ou molécules) se comportent comme des fermions si elle sont composées d'un nombre impair de fermions, et comme des bosons si elles en contiennent un nombre pair Exemple :un atome de lithium 6 comporte 3 protons, 3 neutrons et 3 électrons :c'est un fermion alors que un atome de lithium 7 avec 1 neutron de plus est un boson ; à très basses températures ces 2 isotopes ont des propriétés différentes : tous les composants du lithium7 ont alors même état :on a un *condensat de* **Bose Einstein**   alors qu'avec le lithium 6   les particules se rangent dans des niveaux d'énergie successifs : on a un *gaz de* **Fermi PLS321**

Quark +antiquark s'annihilent en produisant un photon qui se désintègre en paire électron-positron ou muon-antimuon. Un gluon peut se désintègrer en paire quark-antiquark qui s'annihile aussitôt pour reformer un gluon **PLS 523**

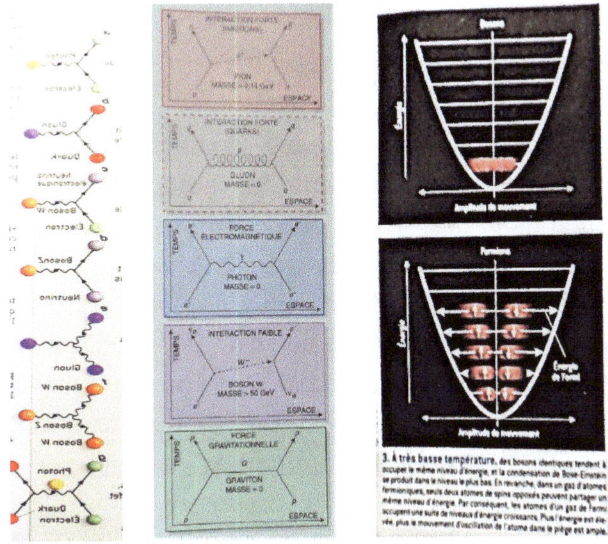

PLS311

Il   y a trois   processus d'échanges d'énergie entre molécule et rayonnement : absorption simple d'un photon, émission de deux photons après absorption d'un photon et émission spontanée d'un photon **Bergia**

On appelle **quasiparticule** une particule fictive, intégrée dans un système vaste d'éléments, dans un état excité ayant un comportement collectif avec charge, spin, quantité de mouvement, énergie comme une seule particule: les phonons, magnons, spinons, holons, plasmon, tous, résultats d'interactions électron_électron **PLS 561**

À partir de toutes ces briques, plus ou moins abstraites, (électron et photon se révèlent plus *réels*) se met en place la construction par assemblage de ce qui va être *la matière ordinaire que*

l'on connait. **Les propriétés de ces interactions expliquent la structure électronique des atomes, la conductivité électrique, l'impénétrabilité solide, la lumière laser, … la RMN , l'IRM…** Par exemple les particules dans un champ électromagnétique se comportent comme de petits aimants et les niveaux d'énergie des noyaux atomiques dépendent de l'orientation de leur spin, ce qui entraine un moment magnétique, qui permet la RMN.

o Couplages quarks-bosons

Les quarks ne sont jamais seuls (sauf dans la soupe primordiale de l'Univers formée de quarks et de gluons séparés) PLS485. Les quarks sont sensibles aux trois forces ; donc peuvent être soumis à l'action des gluons, mais aussi des photons et des bosons W, Z, Higson. Leurs trois couleurs possibles correspondent à des niveaux différents de la charge des gluons associés. PLS 523 Gell-Mann, Zweig C'est pourquoi nous avons trois doublets de saveur   (u,d) , (c,s)), (t,b) chacun de trois couleurs possible.

Compte tenu du nombre de quarks, du nombre de couleurs, de l'existence des antiquarks et de la possibilité de l'action sur eux des trois forces fondamentales il existe de nombreuses associations possibles et donc de nombreuses variantes de particules composées par des quarks.

Les quarks s'associent grâce aux bosons-gluons de façon à former une structure de couleur neutre : **les hadrons.** Une composition quelconque est de couleur neutre lorsqu'elle associe les trois couleurs ou une couleur et son anti-couleur.

Au cœur des hadrons des paires quarks-antiquarks apparaissent-disparaissent. PLS471

➢ Les quarks s'associent par 2, en couple, (quark, antiquark) pour former les **mésons** instables

➢ ou par 3, en triplette, pour former les **baryons**.

Les gluons préservent la symétrie locale de couleur : quand un quark change de couleur à sa guise, la transformation est accompagnée de l'émission d'un gluon réabsorbé aussitôt par un autre quark qui va changer de couleur de telle façon que le changement initial soit compensé. En conséquence tout hadron reste incolore.

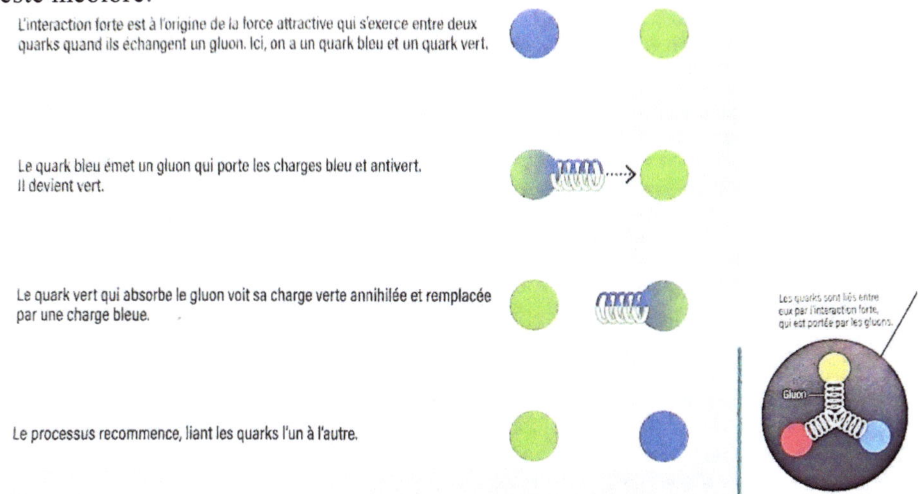

PLS 566

Les gluons portent la force d'interaction forte. Celle-ci agit à l'intérieur des hadrons pour confiner les quarks.

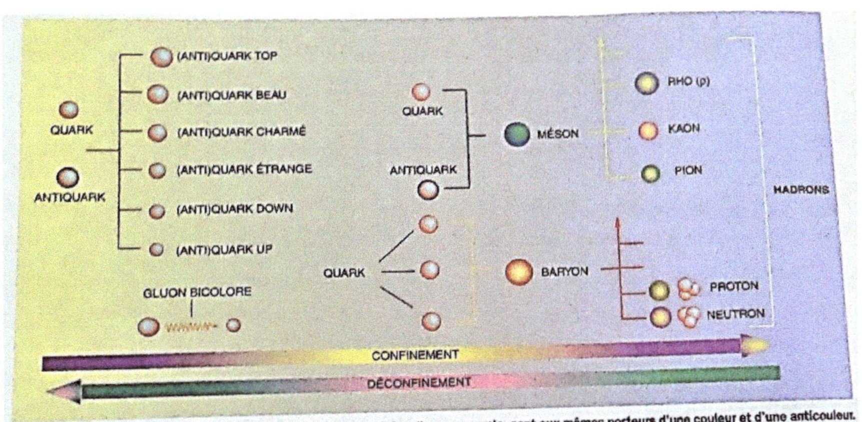

2. POUR ÉTUDIER LES CONSTITUANTS DES HADRONS, on doit les dissocier, c'est-à-dire «déconfiner» la matière. Ces constituants, les quarks et les antiquarks, ont chacun, six «saveurs» : Up, Down, Étrange, Charmé, Beau et Top. Chacun de ces états a en outre trois «couleurs» possibles (non représentées), dont le mélange donne une couleur blanche. Les gluons, les médiateurs de l'interaction forte entre deux quarks, par exemple, sont eux-mêmes porteurs d'une couleur et d'une anticouleur. Les hadrons sont des associations incolores d'un quark et d'un antiquark (un méson) ou de trois quarks (un baryon). Les noyaux sont des assemblages de neutrons (quarks Up, Up et Down) et de protons (quarks Up, Down et Down). La matière reste dans son état ordinaire tant que la température demeure inférieure à une valeur dite critique.

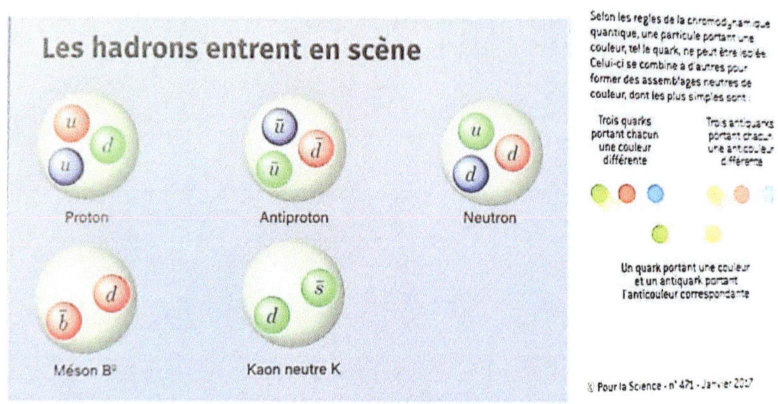

PLS471

- **Les mésons**

Les mésons, du fait de leur constitution quark-antiquark, ont des couleurs complémentaires ; donc sont de couleur neutre. **PLS471**

Leur charge résulte de la somme des charges des quarks composants[36]

- -Le **méson b** se décompose en électron-positron de façon privilégiée **non** conforme à la théorie.

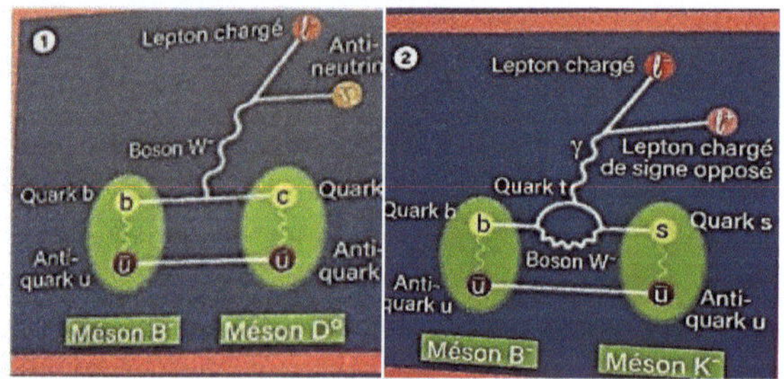

- Les mésons π (ou **pions**) sont stables
- Le **kaon** est formé d'un quark d et d'un antiquark s de même couleur (1d, 1s̲), il est neutre électriquement[37]

,

---

[36] $Q(u,s̲) : 2/3+(-(-(1/3))) = 1$ $M(\text{méson}) = 10 \text{ à } 200 \text{ MeV/c}^2$

[37] -Le kaon est formé d'un quark d et d'un antiquark s de même couleur (1d, 1s),

- **Les baryons**

Les baryons sont formés de trois quarks, les antibaryons de trois antiquarks. Ils ont une charge électrique entière et une couleur neutre.

En dehors des quatre nombres quantiques *n,l,m,S,* les Baryons sont caractérisés par les nombres baryoniques B et étrangeté Se :[38]

Ces nombres sont conservés dans l'interaction forte et la charge est déterminée par la relation de **Gellmann**[39] **PLS 528**

Les baryons, composent les **protons** et les **neutrons**, et servent à engendrer charge, masse et spin des <u>nucléons</u> **PLS323**

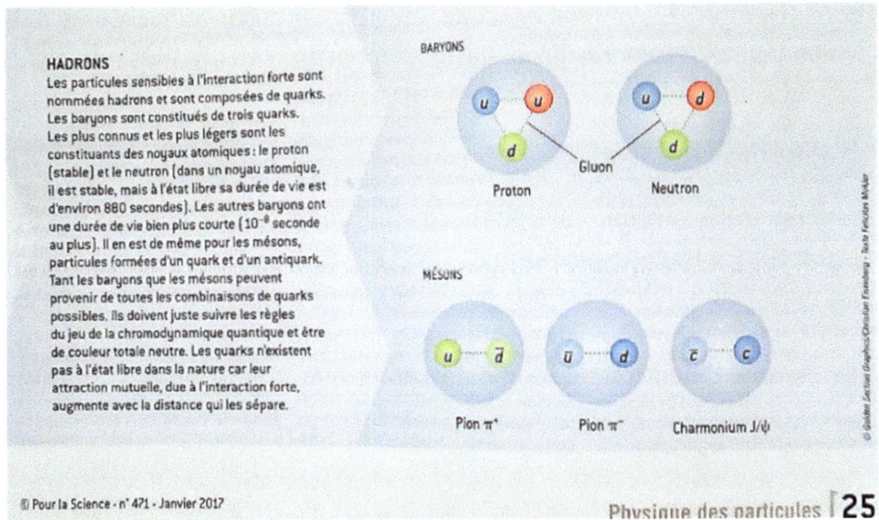

Q= -1/3+(-(-(1/3)) = 0

[38] B = (Nquarks - Nantiquarks)/3,   Se étrangeté = N(antiquarks strange) -N(quarks strange)
B(baryon =1, antiparticule = -1, méson = 0) ;
Se=(0 pour hadrons non étranges, -1 pour kaon, +1 pour antikaon..)

[39] Q = S +B/2+Se/2   relation de **Gellmann**

>   (2 u +1 d) forment un **proton**, seul hadron stable (très longue durée de vie).

Les quarks du proton ne fournissent que 30% du spin du proton.[40]

Dans tout proton il y a une mer de paires quarks-antiquarks + des gluons, ce qui colle les quarks entre eux. La masse des trois quarks constituants n'est qu'une faible partie de la masse du proton, le reste plus important étant due à l'énergie de l'interaction forte.

La mer des quarks et antiquarks au sein de la particule est prédite en *CDQ* ; les gluons qui lient les quarks émettent des nouveaux gluons qui se désintègrent en paire quarks-antiquarks qui s'annihilent aussitôt pour reformer un gluon. L'énergie de cette mer en agitation correspond à la masse manquante (2008) La probabilité d'apparition des paires virtuelles augmente quand la masse de la particule est faible cᴛs

> (1 u +2 d) forment un **neutron.**

Les neutrons ont une charge électrique nulle et une couleur neutre. Un neutron libre a une vie de 14mn environ sv 898 [41]

La masse du neutron est proche de la masse du proton. Le proton est soumis à l'interaction électromagnétique ; le neutron non. Et le neutron possède comme l'électron un moment magnétique.

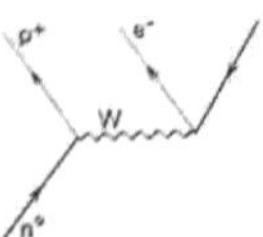

p45 SHD

Désintégration du neutron par W : n^0 donne p^+ et par W donne e^- et $_s$nu,

Fig. 5. Le processus équivalent à la désintégration β du neutron avec le méson W comme médiateur. Le temps se déroule de bas en haut

---

[40] S(proton) =1/2   Durée de vie du proton= 10^{31} années ; M(proton) = 1 GeV/c² = 10^{13}°K

[41] Q= 2/3 +2(-1/3) = 0   S(neutron) =1/2

b. La théorie des quarks décrit le proton comme la somme de deux quarks *haut* (en vert) et d'un quark *bas* (en bleu), dont les charges et les spins respectifs s'additionnent pour donner les valeurs caractéristiques du proton. Chaque quark a un spin égal à 1/2, mais le spin total est encore 1/2 si deux des quarks ont des spins d'orientation contraire dont la somme s'annule.

c. Les expériences de la fin des années 1960 ont donné des quarks l'image de particules ponctuelles à l'intérieur du proton, et la chromodynamique quantique décrit la force qui les lie comme une sorte d'élastique (en blanc). L'élastique est constitué de particules, les gluons, qui possèdent chacune un spin égal à un. Le mouvement des quarks et des gluons, au sein du proton, peut aussi engendrer du moment cinétique contribuant au spin du proton.

d. La description quantique complète, celle de la chromo dynamique quantique, ajoute à la description précéden un ballet compliqué et instable de quarks et d'antiquar (contours rouges) virtuels, y compris des quarks étrang (en violet) qui ne sont pas considérés comme des cons tuants de la matière ordinaire. Ce dessin n'est qu'une év cation des incertitudes quantiques et des fluctuatio dynamiques. Les détails de la production du spin du pr ton à partir de ce ballet sont trop compliqués pour être c culés ; on les détecte lentement, par les expériences da de grands accélérateurs de particules.

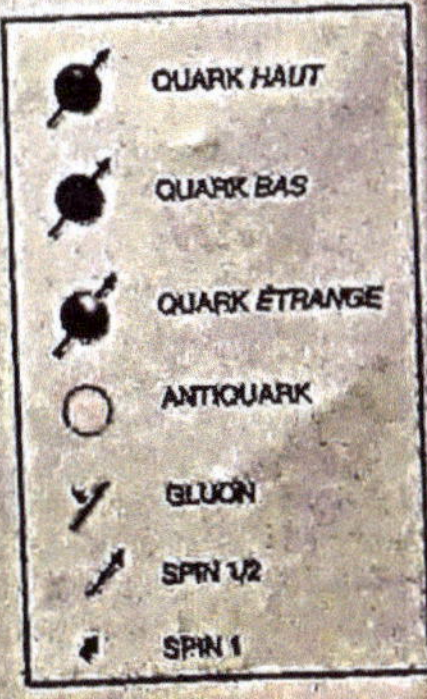

L'interaction forte entre deux quarks fournie par les gluons, nulle à leur contact, croit avec leur distance mais jusqu'à une distance de l'ordre du rayon du proton.

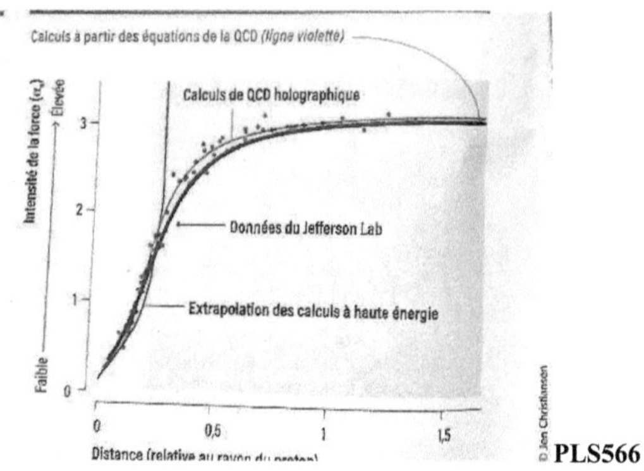

PLS566

o **Couplage leptons-bosons**

Les leptons chargés sont sensibles aux interactions faible et électromagnétique

➢ Deux **électrons** (de charge négative chacun) se repoussent ; mais associés à des phonons (cf atomes) créés par des vibrations d'un réseau cristallin…ils peuvent s'immobiliser. PLS 483

Lorsque deux électrons en mouvement entourés de leurs champs électromagnétiques se rapprochent et rebondissent, ou lorsque deux particules quelconques chargées électriquement (ayant des électrons) interagissent, les électrons échangent un photon sans masse de très longue portée PLS481.

➢ Les **neutrinos** sont sensibles à la seule force faible.

Les neutrinos interagissent peu avec la matière ; ils traversent tout. Ils ne participent qu'à l'interaction faible PLS312

Il existe trois saveurs : électronique, tau et muon ; qui passent d'une saveur à l'autre. Les neutrinos venus du Soleil se transforment en en chemin : leur saveur oscille et donc ils ont une masse, très légère. Des anomalies sont détectées dans les changements de couleur.

Par ailleurs :

- Le modèle décrit avec précision la désintégration du boson Z en trois familles de neutrinos.
- Un électron +un antineutrino donnent un boson W : c'est la réaction de **Glashow** : PLS 523
- Les trois doublets de leptons : $(\nu_e,e),(\nu_\mu, \mu), (\mu_\tau, \tau)$ sont en interaction par force nucléaire faible.
- Comment opère la force électromagnétique ? On peut se représenter cette force entre une « source » proton p^+ et une « source » électron e^- portant une charge électrique en « imaginant » un proton incident émettant un photon après une décélération (**Maxwell**) qui, dans un deuxième temps, est absorbé par   l'électron qui est accéléré SHD

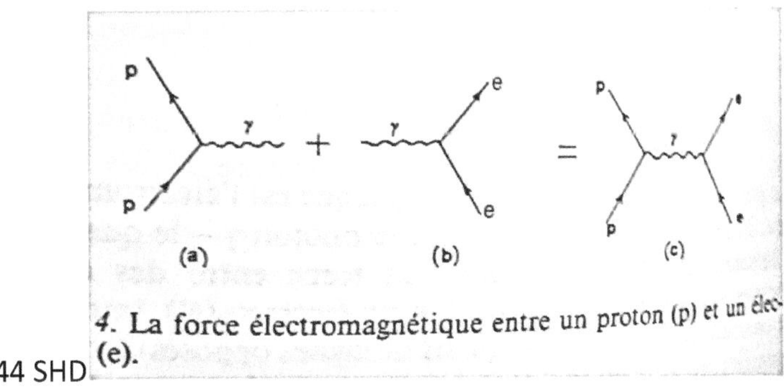

4. La force électromagnétique entre un proton (p) et un électron (e).

Fig 4 p44 SHD

o **Nucléon et noyau**

Le couple Proton-Neutron, assimilable à un doublet de deux états d'une même particule, constitue un **nucléon** ou deuton. Les protons et neutrons se rassemblent, forment des amas.

La force s'exerçant entre deux nucléons peut être décrite par la propagation d'un champ d'interaction, la particule méson. Les interactions entre nucléons peuvent être représentées par des échanges entre mésons virtuels tels des quarks-antiquarks virtuels. Pour des interactions à plus de trois mésons, l'interaction fournit le potentiel de Skyrme. Ce potentiel est une fonction de la distance entre nucléons : <u>Physique Nucléaire et Physique des particules Quantiques sont liées</u> ! PLS325

Au cœur du **noyau**, assemblage de nucléons, il y a <u>mélange de protons et neutrons</u> ; ces derniers se mettent en périphérie formant la peau du noyau PLS 525. La durée de rotation autour d'un noyau est de 10^{-14} à 10^{-16} s PLS 328

La force qui relie proton-proton, neutron-neutron ou proton-neutron est environ la même: la cohésion du noyau est faite grâce à l'interaction forte. Les noyaux atomiques sont souvent représentés par des amas sphériques de rayon de 10^{-14}m,; ils peuvent avoir des formes bizarres et en général ont un cœur dense en protons (2 G.kg/cm^3) ! mais il en existe avec des cœurs appauvris en protons : les noyaux « bulles » PLS 471

Lorsqu'un noyau est soumis à un champ électrique, ou qu'une charge lui est enlevée ou rajoutée, ou qu'un choc a lieu avec d'autres particules, le noyau se met à vibrer. Les va-et-vient des protons-neutrons donnent au noyau des mouvements de vibration simples par exemple de contraction-dilatation, ou il s'allonge puis s'aplatit. Le noyau peut entrer en résonnance à des fréquences très élevées Dans le noyau, à l'état fondamental, les protons et neutrons s'ordonnent sur des niveaux d'énergie du potentiel nucléaire moyen (créé par l'interaction avec d'autres nucléons) à l'instar des électrons sur les orbites d'un atome (cf plus loin) PLS 279 Les noyaux d'atomes ont un spin, ils se comportent comme des petites toupies et comme des aimants dont la direction nord-sud est alignée avec l'axe de la toupie. Le moment magnétique est proportionnel au moment cinétique de la toupie. Dans un champ magnétique la toupie prend une précession liée au noyau.

Le noyau superlourd comprenant 114 protons et 184 neutrons serait *magique* !

À l'échelle microscopique la matière est très lacunaire : un noyau est 100 000 fois plus petit qu'un atome, un électron est quasi-ponctuel ; *alors pourquoi les atomes ne se traversent pas ?* **PLS 345**

La PQ introduit un modèle universel de la structure de la matière où tout objet est caractérisé par l'ensemble limité des états d'énergie dans lesquels il peut se trouver,...(et définis par des niveaux d'énergie et des transitions d'états par sauts d'énergie). Si le saut quantique entre niveaux s'effectue par émission ou absorption de lumière la différence d'énergie est :

$$E_2 - E_1 =^{Pl} h.v ,$$

v étant la fréquence de la lumière (relation de Bohr) **LDF**

Les atomes

A ce stade de la composition de la matière, *un atome peut être considéré comme un système planétaire de particules et comme système d'ondes statiques, ou comme un objet de chimie ; ce sont <u>deux représentations complémentaires</u>.* **Heisenberg**

Un atome, comme une onde, peut se trouver en plusieurs endroits à la fois, ou avoir en même temps différents états d'énergie ou de polarisation **PLSHS122**

Les **atomes ont une structure avec un noyau de charge positive où est concentrée la masse, et des électrons qui gravitent autour** sur n'importe quelle orbite car il y a instabilité due au rayonnement des électrons qui, en fait, devraient s'écraser sur le noyau. **CTS** L'électron n'est pas toujours délocalisé dans l'atome ; il peut se fixer une certaine durée autour du noyau .**PLS 321** Si le noyau avait la taille d'une balle de tennis, les électrons seraient à trois kilomètres ! Ils tournent autour, mais cela n'est pas suffisant pour qu'ils ne s'en rapprochent pas en spirale jusqu'à s'écraser !**LR515**

Comme l'électron est retenu au voisinage du noyau il en est de même pour l'onde associée qui est confinée par une barrière immatérielle, la barrière de potentiel constituée par la force électrique qui retient l'électron...L'onde confinée est donc stationnaire[42], et donc caractérisée par le nombre de nœuds de l'onde, par les nombres entiers quantiques **LDF** n ,l, m, S...

L'onde stationnaire sur une orbite d'un électron dans un atome est attirée par le noyau vers lui en descendant d'orbite pour atteindre l'état stable le plus bas en énergie de l'atome, son état fondamental ***d'après LDF***

Pour un atome isolé les énergies des électrons prennent ainsi des valeurs discrètes.

L'énergie « globale » de l'onde est la somme de l'énergie potentielle, liée à l'attraction du noyau, et de l'énergie cinétique, liée à la longueur d'onde .**LR515**

L'état stable d'un atome correspond à un mouvement bien défini de ses composants **LDF**

La transition entre deux états quantiques de l'atome se fait par absorption ou émission d'un quantum lumineux de fréquence égale à la différence d'énergie entre les deux états divisée par [Pl]h. Mesurer les fréquences émises ou absorbées par l'atome permet de définir son spectre de raies. **CTS** *Chaque atome a un spectre de raies caractéristiques seules certaines radiations de longueur d'onde donnée se trouvent dans la lumière émise par la matière.* **LDF**

---

[42] *Les ondes de de Broglie se réfléchissant sur des obstacles ou des limites virtuelles deviennent, par interférence des ondes réfléchies, des ondes stationnaires. Suivant la forme des obstacles l'équation de Schrödinger permet le calcul de ces ondes stationnaires.* ***d'après LDF***

Pour un atome possédant plusieurs électrons la symétrie de permutation (des électrons) apparait; et…. les fonctions d'onde physiquement acceptables doivent être antisymétriques par rapport à la permutation des variables de position et des variables de spin des électrons…. L'anti-symétrie de la fonction d'onde totale fait apparaitre un couple de <u>quasi-électrons</u> « magique » responsable de la structure de la matière **LDF**

Le modèle hydrogénoïde des atomes considère chaque électron

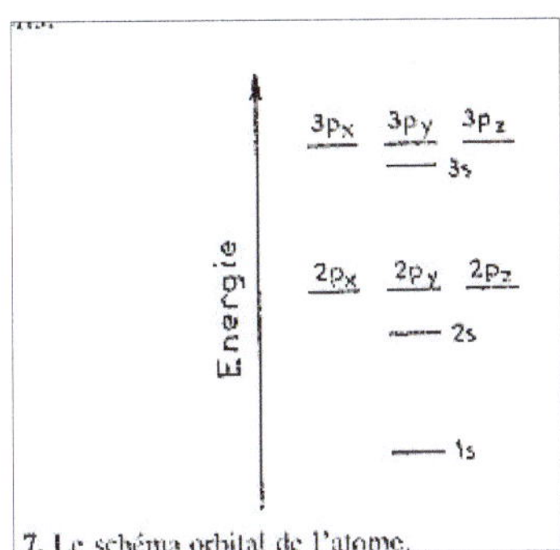

comme s'il se mouvait dans une espèce d'atome comprenant un noyau constitué du noyau et des autres électrons….c'est un modèle à quasi-électrons indépendants et la fonction d'onde totale est l'ensemble des fonctions d'onde élémentaires, une par quasi-électron. **LDF**

Tout atome peut être représenté par son *schéma orbital : on dispose verticalement de bas en haut un certain nombre de niveaux symbolisés par un petit trait horizontal…chaque niveau correspond à une énergie… allant en croissant*

Les niveaux d'énergie classés représentent chacun une orbitale, une fonction d'onde élémentaire En appliquant la règle de Pauli : une orbitale ne peut être occupée que par deux quasi-électrons au plus et de spin S opposé. **LDF**

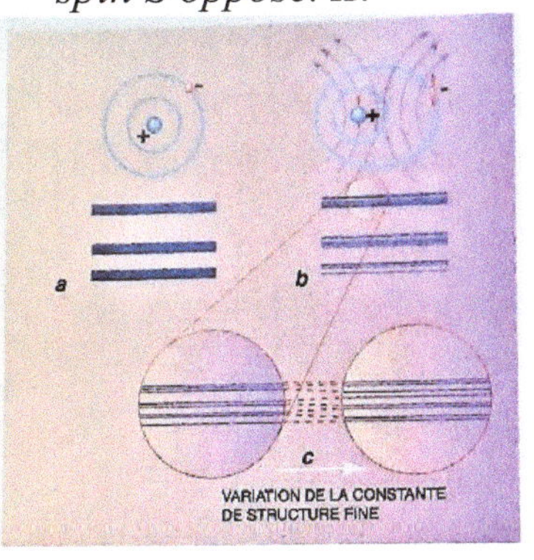

La classification des atomes est basée sur les 2 règles : règle de **Pauli** +règle de **Hund** (si plusieurs orbitales ont même énergie, les quasi-électrons doivent occuper le plus d'orbitales possibles et si 2 électrons occupent 2 orbitales équivalentes ils ont même spin).

Le spectre d'un atome révèle les niveaux d'énergie des électrons en orbite autour du noyau (a), mais ces niveaux d'énergie ont une structure fine(b) due au fait qu'un électron en mouvement est soumis à un champ magnétique avec lequel il interagit par l'intermédiaire de son spin et ces niveaux ont une structure hyperfine (c) due à l'interaction entre les spins du noyau et des électrons PLS297

La masse d'un atome est inférieure à la somme des masses des protons, neutrons et électrons contenus à cause de l'énergie de liaison (Einstein)

Un atome est soumis aux forces électromagnétiques mais aussi à l'interaction faible…La parité n'est pas toujours conservée à cause d'effets des bosons W+-

Les atomes peuvent avoir une préférence pour la gauche ou la droite.

Comment se sont-ils formés ?[43]

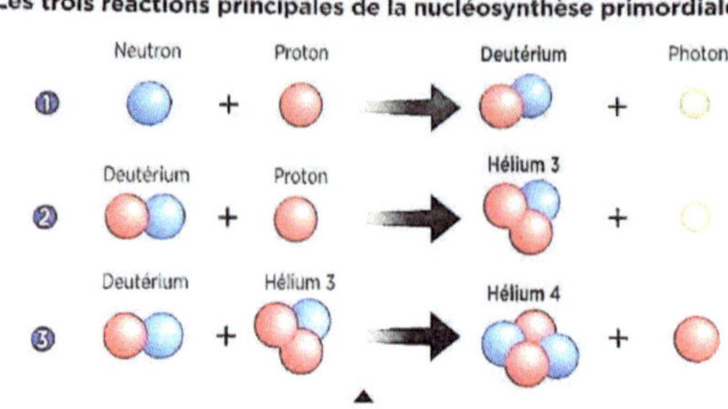

Les premiers atomes de l'Univers se sont formés à partir des protons et des neutrons qui peuplaient l'Univers juste après le Big Bang. Lorsque la température est passée sous le milliard de degrés, protons et neutrons ont fusionné pour former du deutérium (réaction 1) et des photons, des particules de pure énergie. Une cascade de réactions a ensuite eu lieu à partir du deutérium. Les principales sont représentées ici. À l'issue de cette nucléosynthèse primordiale, l'Univers se compose essentiellement d'hélium 4 (^{4}He) et de protons.

Les éléments les plus simples, H et He, les plus répandus dans l'univers (98 %) résultent de la nucléosynthèse primordiale. Carbone, azote, oxygène, sont issus des réactions de fusion dans les étoiles, et en particulier le fer très stable, né dans les supernovas par nucléosynthèse explosive ; d'autres éléments sont créés par brisure des noyaux de carbone (par spallation).LR892

Dans la figure suivante sont donnés les schémas orbitaux des premiers éléments de la classification de Mendéléiev

---

[43] Cf L'Univers , c'est quoi ? **R Mattout** ed Bod2024

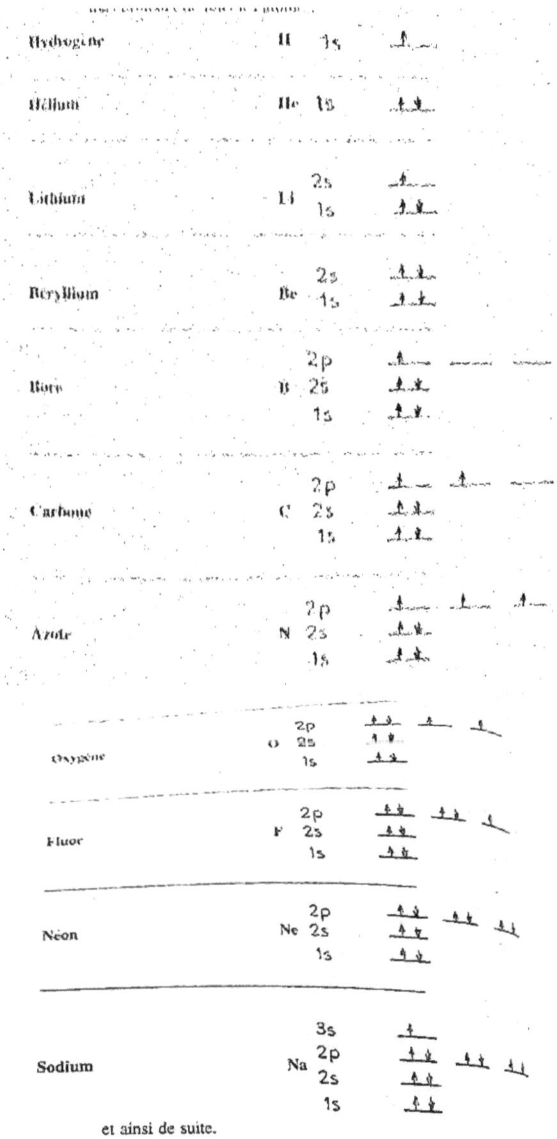

Élément	Symbole	Orbitale	Schéma orbital
Hydrogène	H	1s	↑
Hélium	He	1s	↑↓
Lithium	Li	2s	↑
		1s	↑↓
Béryllium	Be	2s	↑↓
		1s	↑↓
Bore	B	2p	↑ __ __
		2s	↑↓
		1s	↑↓
Carbone	C	2p	↑ ↑ __
		2s	↑↓
		1s	↑↓
Azote	N	2p	↑ ↑ ↑
		2s	↑↓
		1s	↑↓
Oxygène	O	2p	↑↓ ↑ ↑
		2s	↑↓
		1s	↑↓
Fluor	F	2p	↑↓ ↑↓ ↑
		2s	↑↓
		1s	↑↓
Néon	Ne	2p	↑↓ ↑↓ ↑↓
		2s	↑↓
		1s	↑↓
Sodium	Na	3s	↑
		2p	↑↓ ↑↓ ↑↓
		2s	↑↓
		1s	↑↓

et ainsi de suite.

schéma orbital d'un atome   **p117_118 LDF**

Tout atome est caractérisé par un numéro atomique A

A = nbre de protons Z + nbre de neutrons N contenus dans le noyau de l'atome

Pour former un **atome d'hydrogène** H à partir des protons et neutrons il faut T=10^9 K ; c'est ce qui s'est passé dans la phase de la nucléosynthèse primordiale qui a duré trois minutes.

L'atome H est formé d'un proton + et un électron - : il y a attraction électrostatique entre eux. Si l'électron se rapproche du proton sa longueur d'onde diminue, sa vitesse est inversement proportionnelle à la taille de « la boite » et son énergie cinétique proportionnelle à son carré alors que l'énergie potentielle électrostatique de rapprochement est seulement inversement proportionnelle : l'énergie cinétique croit donc plus vite que son énergie potentielle ; l'équilibre a lieu à 10^{-10}m !

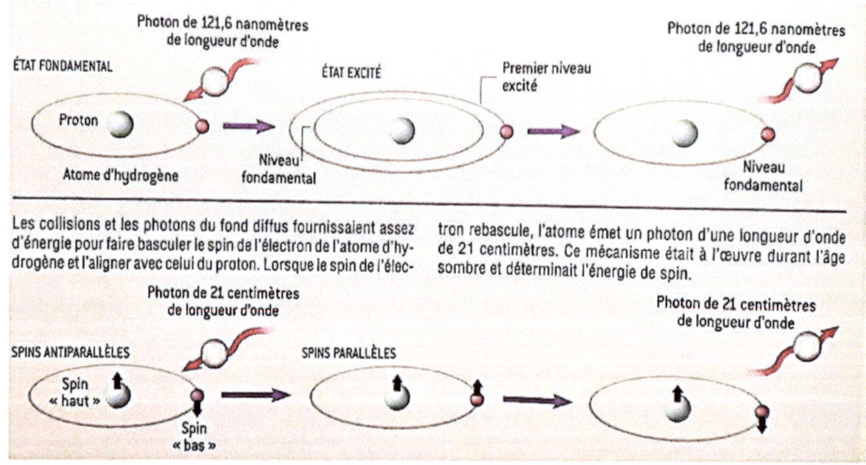

L'intensité de couplage de jauge entre le photon et un noyau d'Hélium est deux fois celui du photon avec le noyau d'Hydrogène parce que la charge du noyau d'He est 2 fois celle de H ; il y a lien entre intensité de force de jauge et charge SHD

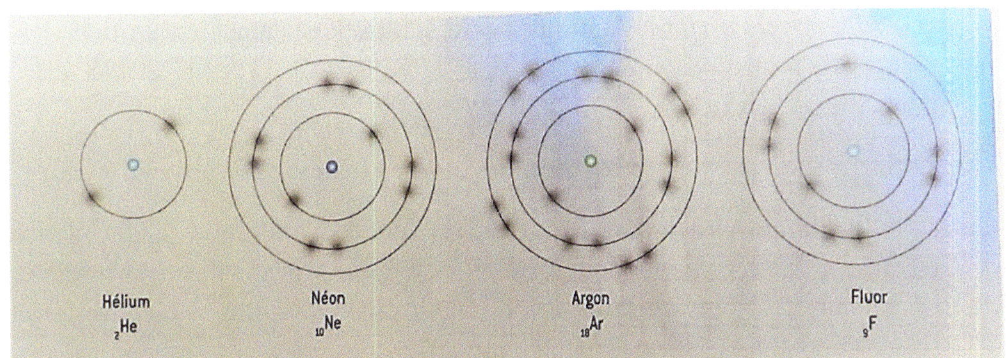

2. **Dans les atomes des éléments inertes**, la couche d'électrons périphériques est saturée, ce qui correspond à une configuration d'une grande stabilité *(les représentations ci-dessus sont schématiques)*. La première couche d'énergie peut contenir jusqu'à deux électrons, ce qui est le cas de l'hélium. La couche périphérique du néon est formée de huit électrons, le nombre maximal pour cette couche d'énergie. Il en est de même du gaz rare suivant, l'argon. L'atome de fluor a un électron de moins que celui de néon. Aussi l'atome de fluor a-t-il une forte tendance à attirer un électron supplémentaire, pour acquérir la même structure que le néon : l'atome de fluor est très électronégatif.

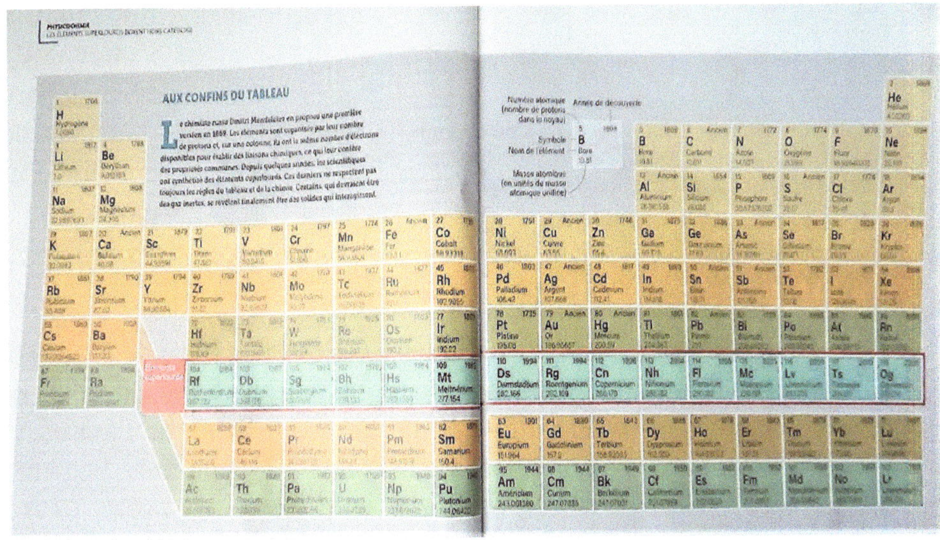

PLSHS114 Au-delà de +92 protons (U) la répulsion électrostatique des protons, positifs, dépasse l'attraction due à l'interaction forte qui assure la cohésion du noyau : c'est la fission du noyau ; les neutrons interviennent aussi sur la stabilité du noyau **PLS 496**

De *A= 93 à 103* les actinides sont synthétiques ainsi, qu'au-delà, les métaux de transition. La synthèse des éléments 113, 115, 117 et 118 est controversée. **PLS 321 2004**

Dans des étoiles à neutrons y at il des atomes jusqu'à 260 protons ?**PLS562**

Radioactivité beta : le noyau de numéro atomique A, de charge électrique Z (Z protons) comporte N = A-Z neutrons, ; il se transmute en un noyau A , Z+1   protons et N-1 neutrons +neutrino + électron émis (ceux-ci ne préexistant pas dans le noyau).

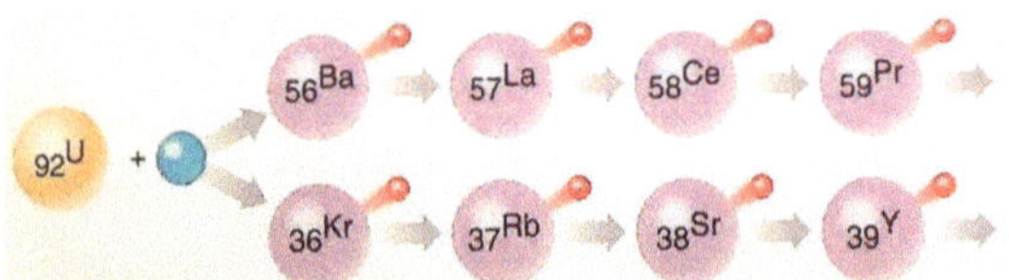

C'est ce mécanisme qui était correct. Lise Meitner et Otto Frisch proposèrent le terme de fission nucléaire pour ce phénomène, en publièrent la première explication théorique et donnèrent une estimation de l'énorme quantité d'énergie que libère la fission.

La fission de l'uranium s'effectue après apport d'un neutron et création d'une cascade de réactions commençant pat le baryum et le chrome accompagnées s'une très forte quantité de chaleur **LR 1998**

D'après le principe de Pauli deux électrons ne peuvent pas être dans le même état quantique, par exemple la même position ; du coup deux atomes voisins ne peuvent qu'être à plus de 10^{-10} m l'un de l'autre. Alors une particule confinée, dont la longueur d'onde est donc finie, ne peut pas être au repos : plus on est serré plus on s'agite. *Dans un cube de 10^{-10}m de côté* pour une énergie cinétique de 10 eV la vitesse serait de 4000 km/s ! Ce qui explique la pression exercée sur les parois de 40 M.bars ! **PLS 345**

Un atome, système complexe, n'en est pas moins une structure toute petite qui a une **durée de vie.** Son diamètre moyen est de *0,3 nm* ; c'est dire que *pour enfiler un milliard d'atomes les uns à la suite des autres il* *faudrait   30 cm de corde* **Balibar** Pour « voir » un atome il faut un microscope à effet tunnel.

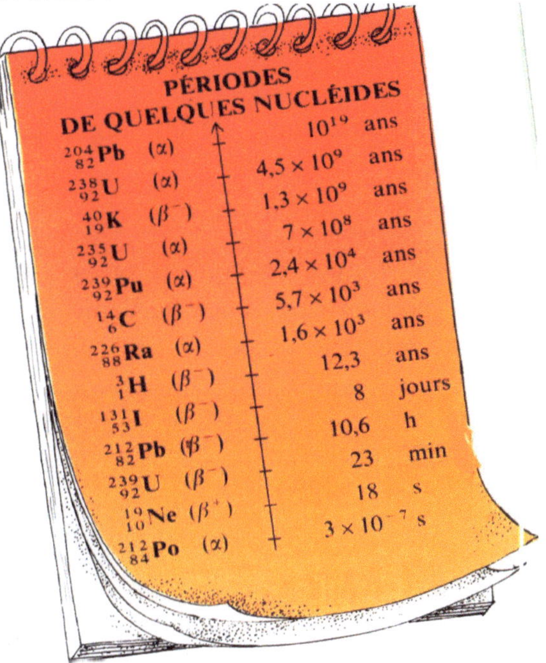

Un ion est un atome libre stabilisé par absorption ou émission d'un électron ; tous les quasi-électrons de son schéma orbital sont appariés. Dans la nature on trouve des ions et des molécules.

K+ et Na+ assurent la transmission des influx nerveux, Cl- est le principal oxydant et antiseptique de l'eau de Javel

Un **isotope** a même Z que l'atome mais un N différent.

Atomes froids et échelles quantiques   On peut créer des atomes exotiques en chassant les électrons et en captant autour du noyau une particule incidente : mais ces créations sont instables **PLS 328**

Les échelles quantiques sont composées de chaines d'atomes, les montants, reliés par des ponts, les barreaux ; ces échelles sont dotées de propriétés originales, isolantes ou supraconductrices à l'état liquide ou solide PLS 305

Atome habillé, ou polariton : est un objet quantique composite lumière et matière LR568

Phonons

Quand des atomes vibrent de concert on les décrits comme des quasi-particules. Un phonon est une particule individuelle fictive représentant le comportement collectif de nombreux constituants possédant des propriétés similaires à celle d'une particule individuelle

Les molécules

L'assemblage direct d'un certain nombre d'atomes par mise en commun d'électrons des atomes constitue des molécules stables.

Toute molécule est exactement de même structure que toutes les autres de même type dans l'Univers ; elle est non éternelle ni autosuffisante CTS

La **valence chimique** de l'atome est le nombre de liaisons qu'il peut former ; c'est le nombre de quasi-électrons non appariés sur son schéma orbital

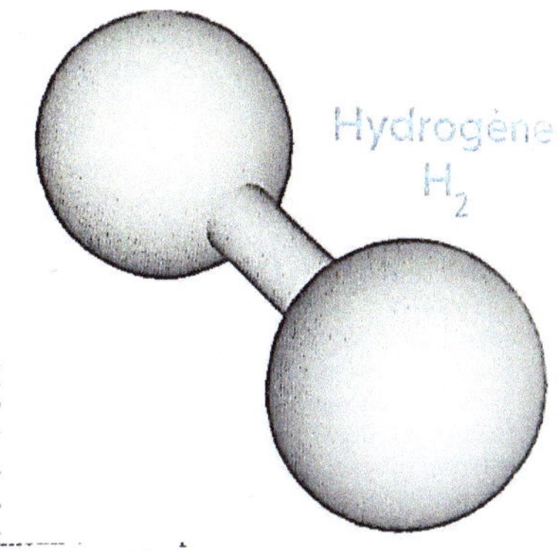

Il existe des molécules de même formule mais qui sont l'image l'une de l'autre dans un miroir comme *L-alanine*, *D. alanine* en quantité égale…. mais les molécules biologiques et les amino-acides sont gauches presqu'uniquement alors que les sucres sont droits : ……L'asymétrie de la nature…. est expliquée à partir de la brisure de symétrie miroir par les forces faibles SHD

La force électromagnétique est utilisée pour expliquer les énergies et structures des molécules… Grâce à la force faible gauche de Z les acides aminés gauches et les sucres droits sont plus stables que les variétés d'orientation opposée…… **Z est la « force de la vie »**SHD-

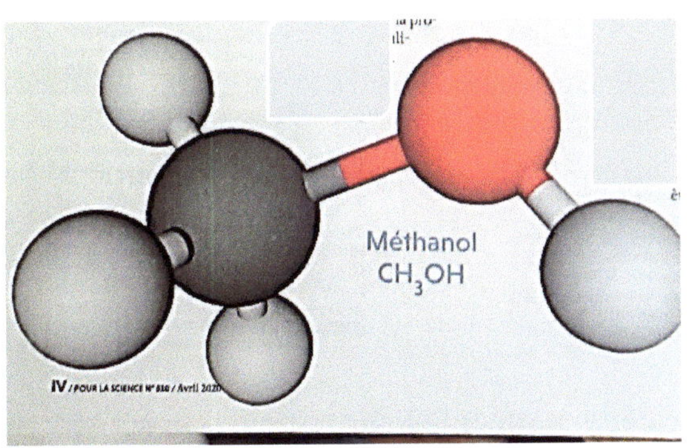

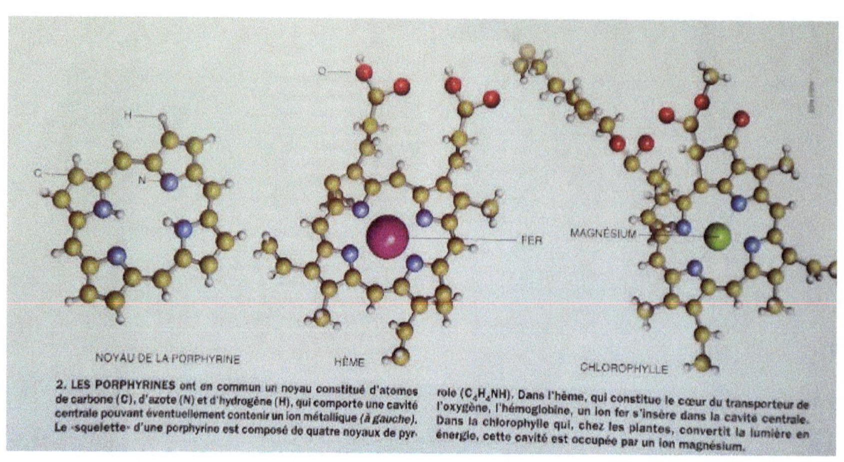

2. LES PORPHYRINES ont en commun un noyau constitué d'atomes de carbone (C), d'azote (N) et d'hydrogène (H), qui comporte une cavité centrale pouvant éventuellement contenir un ion métallique (*à gauche*). Le «squelette» d'une porphyrine est composé de quatre noyaux de pyr-role (C_4H_2NH). Dans l'hème, qui constitue le cœur du transporteur de l'oxygène, l'hémoglobine, un ion fer s'insère dans la cavité centrale. Dans la chlorophylle qui, chez les plantes, convertit la lumière en énergie, cette cavité est occupée par un ion magnésium.

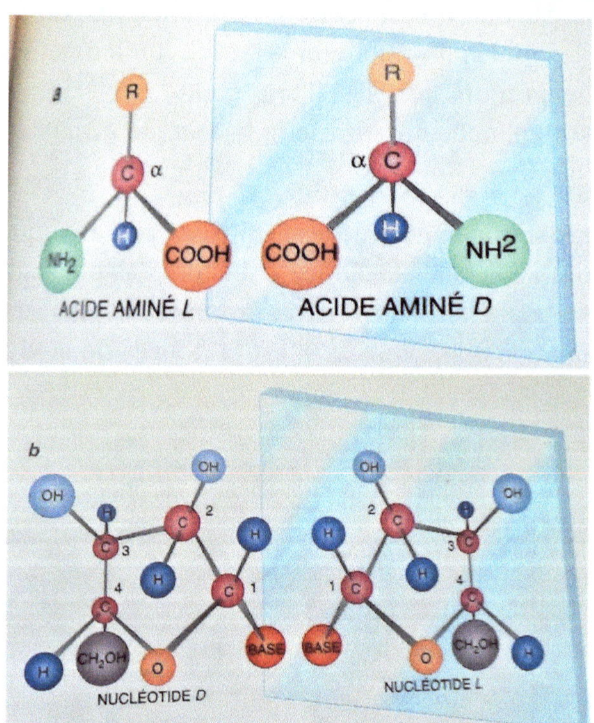

PLSHS114 Ces dernières molécules participent à la construction des cellules vivantes !

Les corps de la Nature

Sur notre planète Terre on trouve des atomes, de la matière ionique (plasmas), des molécules, macromolécules, agrégats de molécules, ... sous plusieurs états : gazeux, liquides, solides mais aussi sous forme de colloïdes, de mousses, de gels, de corps mous, vitreux, amorphes ou de poudres granulaires, smectiques, nématiques, cholestériques, cristallins, . ….Le caractère liquide ou solide…n'est pas une propriété intrinsèque de la matière : il dépend des conditions locales de l'environnement et des forces alors exercées sur le matériau.

Un état stable de la matière macroscopique sur Terre est celui dans lequel toutes les interactions du système formé sont satisfaites, sinon il y a passage d'une configuration du système à une autre.

Les particules quantiques permettent <u>d'expliquer les propriétés ou phénomènes macroscopiques</u> de la matière, comme l'électricité, le ferromagnétisme, la supraconductivité, la superfluidité, la piezoélectricité, l'effet Hall…Par exemple les propriétés magnétiques de la matière proviennent du mouvement orbital des électrons créant un courant qui engendre un champ magnétique et chaque électron a lui-même un moment magnétique (spin).

Suivant l'arrangement des atomes et molécules dans l'espace toute substance de composition chimique fixée se présente sous plusieurs phases. Par exemple la glace d'eau peut se présenter sous douze phases solides différentes. Le Carbone a trois phases : graphite, diamant ou fullerène **Papon**

L'eau est une matière liquide qui recouvre nos océans : *1G.km³* d'eau ! La liaison hydrogène de ses molécules lui confère une forte cohésion qui rend son ébullition difficile (par rapport aux autres fluides) et sa tension superficielle haute. **AspectBalian**

Un matériau « massique » a une masse volumique de l'ordre de *1 g/cm³*. **Balibar** 1 cm³ de matière contient environ 10^{23} atomes.

Pour un atome isolé toutes les énergies ne sont pas accessibles aux électrons, elles prennent bien des valeurs discrètes alors que pour des <u>solides</u> les contributions des atomes se combinent. Il existe ainsi des intervalles continus d'énergie accessibles, les bandes, qui se remplissent en obéissant au principe de Pauli (pas plus d'un électron dans un niveau d'énergie). Le niveau de Fermi sépare les niveaux occupés (bandes de valence) des niveaux vides (bandes de conduction) ; d'où existence suivant la disposition des bandes de métal, semi-métal, semi-conducteur et isolant. Pour un métal il y a continuité de conduction ; pour un semi-métal seulement quelques points de contact de conduction ; pour un semi-conducteur il y a nécessité d'un petit apport d'énergie pour qu'il y ait conduction

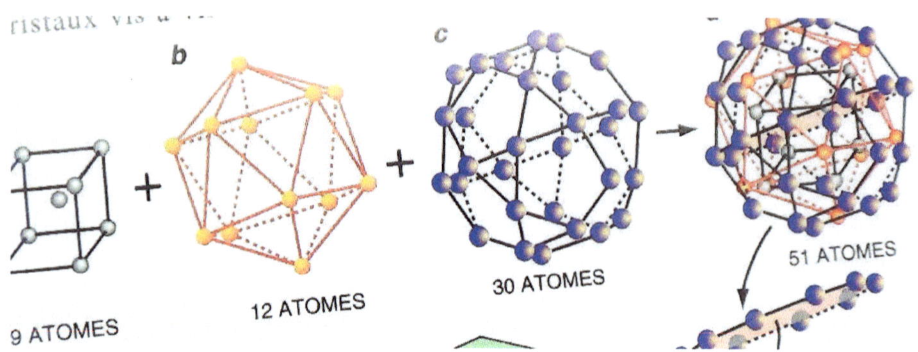

Un <u>milieu solide cristallin</u> est constitué d'un réseau de noyaux atomiques régulièrement rangés, chacun d'entre eux attirant des électrons...et se disputant les mêmes électrons ; il y a des fuites dans les barrières de potentiel: les électrons les plus énergiques les franchissent d'autres fuitent par effet tunnel .... Ceux qui s'évadent n'ont plus d'états quantiques aussi nets que dans l'atome ; d'où conductivité électrique du cristal **LDF** Dans les métaux cristallins il y a des bandes d'énergie à combler pour rendre possible le passage d'une orbite à l'autre des électrons; d'où des *conducteurs* ou des *isolants* PLS 561. Lorsque l'écart entre une bande de conduction et une bande de valence est faible on a des *semi-conducteurs* : lorsque l'écart est nul on a un *semi-métal* (graphène…).PLS 564

Au zéro absolu les électrons, de masse très faible, continuent d'être ballotés par les fluctuations quantiques et se déplacent à grande vitesse, se comportant comme un fluide, ce qui permet le courant électrique. Mais très finement confinés les électrons sont soumis surtout aux forces colombiennes, ce qui permet de créer un *cristal d'électrons* **Wigner SV 901**

Un cristal, par sa structure ordonnée, a des propriétés anisotropes, diffracte les rayons X, rend possible la piézoélectricité. La matière condensée permet la fabrication des transistors, des diodes, des panneaux solaires…
PLS 565

Un système condensé est un système où les atomes partagent un même état sans forte interaction

Un superfluide est un système dont les atomes forment une onde macroscopique et qui sont délocalisés sur l'étendue de l'onde. Il a une viscosité nulle. **PLS 565**

DU GAZ THERMIQUE AU SUPERSOLIDE

Dans un gaz thermique, les particules (atomes ou molécules) se comportent comme de petites billes classiques Ⓐ.
D'après la dualité onde-corpuscule de la mécanique quantique, ces particules peuvent aussi être représentées par des paquets d'ondes. Si la température est élevée, les paquets d'ondes sont si peu étendus qu'ils ne se recouvrent pas et l'approximation classique est valable. Mais quand on baisse la température, les paquets d'ondes s'étendent, se recouvrent et interfèrent de sorte qu'ils produisent une onde macroscopique sur l'ensemble du système (Ⓑ, courbe verte). Les particules sont délocalisées sur l'ensemble du système, qui présente des comportements superfluides (la viscosité est nulle). On parle alors de « condensat de Bose-Einstein ». Si les particules présentent également des interactions particulières, attractives à petites longueurs d'onde (comme c'est le cas dans les interactions dipôle-dipôle, représentées par les flèches dans la *figure* Ⓒ), l'onde macroscopique du condensat de Bose-Einstein peut être modulée ; on obtient alors un supersolide. Les particules sont bien délocalisées sur l'ensemble du système, ce qui confère un comportement superfluide, mais la probabilité de présence des particules est très forte dans des régions régulièrement espacées, rappelant la structure cristalline d'un solide.

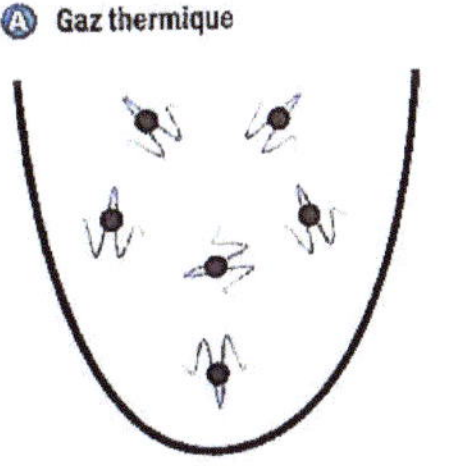

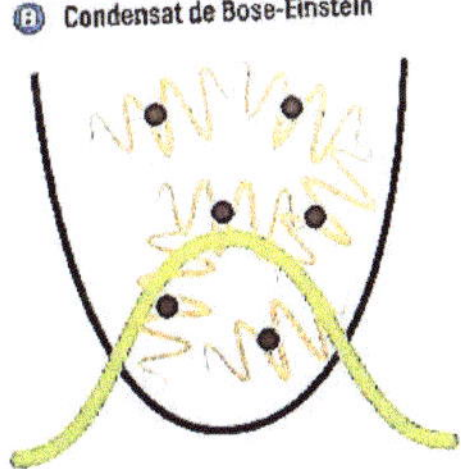

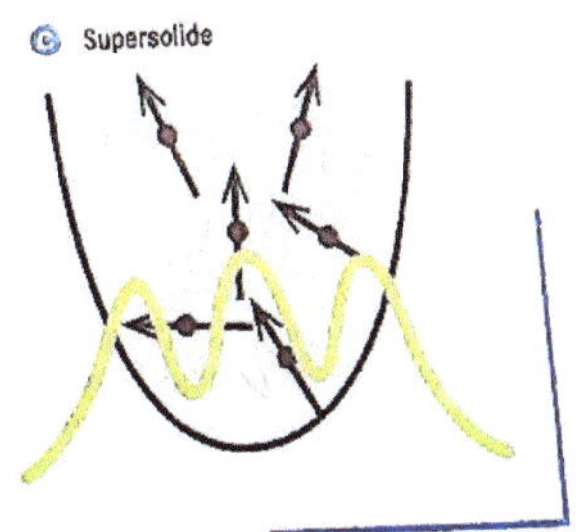

Les métaux étranges ont des électrons qui perdent leur identité individuelle et semblent se comporter comme une soupe de particules intriquées comme celles qui agissent près des trous noirs
Les photons ne peuvent plus pénétrer un matériau lorsqu'il devient supraconducteur **SV 897**

<u>Les colloïdes</u> sont des systèmes formés de très petits domaines de matière, une phase dispersée dans une autre phase, comme les matériaux poreux, les émulsions, mousses et aérosols. La quantité des interfaces est colossale ; par exemple une dispersion de *15 nm* donne *10 000 m²* d'interfaces par *kg*. Les systèmes colloïdaux ont les propriétés des interfaces et non celles des phases composantes. **AspectBalian**

La <u>matière plastique</u> qui envahit la planète est issue de synthétisation, polymérisations d'éthylène ou propylène par exemple, en polyéthylène et polypropylène, longues chaines dont le squelette est formé d'atomes de carbone.

La matière, sur Terre, s'est énormément diversifiée.

99% de la matière de l'Univers est en état de plasma.

<u>Dans l'univers la matière est répandue dans de vastes zones</u> en superstructures filamenteuses, les Murs, en galaxies (des milliards en nombre et des milliards de milliards en énergie-matière), autant d'étoiles et planètes. Mais le vide est pourtant prédominant, y compris au sein de l'atome ! Les unités de masse-énergie doivent s'étendre sur de nombreux ordres de grandeur. On sait atteindre l'atto (10^{-18}) et le peta (10^{15}) et plus+ **AspectBalian** Quel vaste domaine.

Les éléments qui ont formé la Terre viennent des poussières émises dans le disque solaire et c'est dans les étoiles que les éléments de nombre atomique élevé se sont produits.
Le soleil nous envoie *100 à 200 W/m²*. Un humain dégage par son activité *100 à 400W* mais consomme *1 à 10kW* ! Il a besoin d'énergie.

L'énergie envoyée par le Soleil et l'énergie des éléments matériels de la Terre ont permis l'apparition d'une autre matière : <u>la matière vivante</u>[44] !

Apparue un milliard d'années après la création de la Terre[45] sous forme de bactéries, de cellules eucaryotes, cette nouvelle matière s'est développée dans des micro et macro-organismes, les uns poussant, les autres habitant sur terre ou dans l'eau, tels un coquelicot, une sardine ou un Homo Sapiens,…ou une .. belle matière et sapiens-sapiens ?!

---

[44] Cf La Vie ? de la matière à l'esprit et la conscience **R Mattout** ed Bod
[45] Il y a 4,5 milliards d'années

Au-delà du modèle standard quelle réalité ?

Les manques du modèle

*Le modèle standard n'est pas l'aboutissement de notre compréhension de la matière...il est **appelé à être dépassé*** C-T S

La matière est-elle vraiment *onde et particule ? Cette question ne saurait être éludée...on peut et **on doit essayer d'y répondre**, et ... inventer des mots, ce n'est pas résoudre le problème, c'est s'en débarrasser.* LDF

*La PQ n'est pas une description de l'objet en soi, mais **un calcul des observations possibles*** (qui permettent) *de décrire les phénomènes auxquels il donne naissance...Les doctrines dualisme onde-corpuscule et quantification ne permettent que la description des phénomènes... La PQ se borne à enregistrer le caractère aléatoire des résultats de certaines expériences sans pouvoir se prononcer sur l'origine physique de ce comportement.... Associer une onde à un électron pour décrire les franges d'interférences observées dans un dispositif ne signifie pas que l'on observe expérimentalement l'onde.* LDF

La relation entre les deux doctrines (onde et corpuscule) *existe bien, ne serait-ce que par la présence de* ^{Pl}h *dans les deux, mais n'est **pas explicitée dans la MQ*** d'aprèsLDF

Concernant la compréhension de ce qu'est un atome *il s'agit d'une représentation mathématique et pas du tout d'une quelconque photographie de l'atome...il s'agit d'une modélisation et non d'une observation de l'atome... Cette représentation occupe plus ou moins tout* *l'espace : on dit que l'électron est <u>délocalisé</u>...**Rien ne permet d'accréditer physiquement cette image*** LDF

Et il reste de nombreuses questions ouvertes :

1.   Pourquoi y a-t-il trois saveurs de quarks et des anticouleurs?

2.   Pourquoi il n'y a pas de force faible droite ?

3.   Pourquoi la masse prévue du boson de **Higgs** est 10^{16} fois celle mesurée !

4.   Les particules virtuelles de **Feynman**….sont-elles des fissures dans le modèle standard ? **PLS 485**

5.   Pourquoi l'anomalie dans la valeur du moment magnétique du muon g-2 **LR 891** Des paires de particules évanescentes doivent-elles perturber le muon sur son moment magnétique ?.**PLS321**

6.   Des désintégrations du quark B s'obstinent à ne pas obéir aux lois du modèle standard **PLS HS 114** Le méson B (1 quark +1 antiquark) se désintègre en cocktail paire électron-positron, paire muon-antimuon avec voie électron-positron privilégiée : il y a mise en cause du modèle standard **PIS321**

7.   Le modèle standard n'explique pas la faiblesse massique des neutrinos.

8.   Pourquoi les particules-quantons ont des masses si différentes, pourquoi les neutrinos oscillent dans leur saveur ?

9.   Pourquoi n'y a-t-il plus d'antimatière ; pourquoi y-a-t-il violation de la symétrie CP ; pourquoi la matière noire, l'énergie noire… ?? **PLS114**

10.   La force de gravitation n'est pas abordée par le modèle. Pourtant étant toujours attractive à la différence des autres forces répulsives ou attractives elle   l'emporte, par effet cumulatif à grande échelle, sur les autres forces.

11.   Le graviton existe-t-il ?, sa force serait 10^{-41} fois ! plus faible que l'interaction électromagnétique ; les ondes gravitationnelles peuvent-elles expliquer la mise en place du boson de **Higgs** ?

12.   La densité d'énergie du vide quantique et celle requise pour la dynamique de l'univers diffèrent de 120 ordres de grandeur !!! 10^{120}

13.   Comment se comportent les particules virtuelles dans la gravité ? Si elles sont comme la matière ordinaire, alors elles jouent un rôle dans la constante cosmologique et il faudra expliquer qu'est-ce qui détruit cette énergie. Si c'est différent de la matière ordinaire alors il faudra reprendre les équations d'Einstein PLS543 A l'heure actuelle il semble qu'elles « tombent «   comme la matière ordinaire.

14. etc…··

*…. Il faut d'autres modèles, d'autres particules quantiques, d'autres expériences…. **aller au-delà**, sans avoir d'indices.* C-T S

Y a-t-il d'autres voies ?

<u>La Supersymétrie ?</u>

À chaque particule est supposé un partenaire *s*:   le *s-électron* serait doté des mêmes propriétés mais <u>devenu boson</u> ; le *s*-photon devenu fermion. La s-particule est de masse identique instable et se désintégrant en particules ordinaires ; une s-particule a une anti-s-particule   La symétrie aurait été brisée et ce sont ces particules qui se seraient décomposées pour donner les particules actuelles dont il ne resterait que la partenaire de la particule Z très lourde qui serait la matière noire ? Les bosons (spin entier) et les fermions (spin demis) sont alors deux types d'objets différents qui seraient reliés ; d'où doublement des éléments de base…. Squarks…photinos…etc…

<u>*ET* à 5 dimensions ?</u>

Chaque point de *ET 4D* serait le siège d'un anneau fermé infinitésimal d'une nouvelle dimension : les particules élémentaires seraient à *5D* ; certaines ne faisant pas le tour de cette dimension paraissent légères, celles qui font plusieurs fois le tour de l'anneau paraissent d'autant plus lourdes : la particule de 1000 fois la masse du proton pourrait être la matière noire.

<u>Autres particules ?</u>

Axions, neutrinos stériles, Wimps,…

La matière et les lois de la Physique pourraient émerger d'informations organisées de façon complexe (J **Weeler** 1989) (comme par exemple d'une *cellule informatisée qui a « quelque chose » qui se conserve et qui se déplace dans l'univers* ?) PLS 496

Au début il n'y aurait eu que des particules sans masse…et le temps serait apparu avec la masse dans le vide? CTS

L'antimatière :

L'antimatière est le miroir de la matière. Elle est composée d'antiparticules   ayant des propriétés *inverses* de la matière PLS 498 Néanmoins matière et antimatière ont les mêmes propriétés quantiques. SA-LA 883

Pourquoi l'antimatière, même rare, ne se manifeste pas dans la vie quotidienne ? Elle reste un mystère. Alors qu'au Bigbang il y avait autant de particules que d'antiparticules !

Quand la symétrie matière-antimatière a-t-elle été rompue ? (Sakharov nous dit : avant que les nucléons ne parviennent à former les noyaux d'atomes, pour 1G d'antinucléons, 1G+1 nucléons étaient formés) ?

Aucune région contenant de l'antimatière qui daterait du bigbang n'a été repérée.

Alors existe-t-elle et comment distinguer et reconnaitre antimatière de matière ?

L'énergie dégagée par l'annihilation d'une paire électron-positon est de 511keV LR 883.   En 1932 C **Anderson** identifie la trace d'un positon PLS HS 114 L'antimatière a donc bien une certaine existence.

La 1^{ière} différence constatée entre matière et antimatière est que les neutrinos oscillent (passent d'une saveur à l'autre) d'avantage que les antineutrinos

On a pu <u>fabriquer</u> 9 antihydrogènes, et des millions d'antiprotons
PLS HS 114

On a pu mettre de l'antihydrogène, contenue par des champs magnétiques, dans des bouteilles !

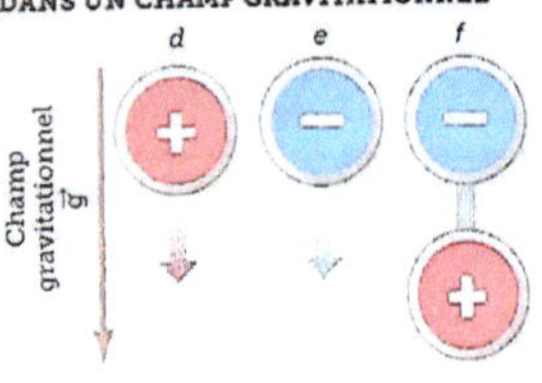

DES COMPORTEMENTS SURPRENANTS

Dans l'hypothèse où les antiparticules ont une masse négative, leur comportement serait loin d'être intuitif. D'après les équations de la relativité générale, deux antiparticules se repousseraient tandis qu'une particule et une antiparticule se poursuivraient. Dans un champ gravitationnel, une particule et une antiparticule tomberaient *a priori* de la même façon. Mais certaines théories suggèrent qu'il pourrait en être autrement, et des expériences sont menées pour mettre en évidence une anomalie dans la chute des antiparticules.

MOUVEMENT DES MASSES DANS LA THÉORIE DE BONDI

En 1957, Hermann Bondi a montré que des masses négatives n'étaient pas exclues par la relativité générale. En revanche, si la force gravitationnelle entre deux masses positives est attractive (a, les deux masses se rapprochent), elle devient répulsive entre deux masses négatives (b, les deux masses s'éloignent). Et avec deux masses égales en valeur absolue, mais l'une positive et l'autre négative, les deux particules se poursuivent en maintenant toujours la même distance entre elles (c).

DANS UN CHAMP GRAVITATIONNEL

En 1993, Richard Price a montré qu'une masse positive et une masse négative tombent de la même façon dans un champ gravitationnel dans le cadre de la relativité générale (d et e). Si ces masses sont liées (comme dans une paire particule-antiparticule virtuelle du vide), l'ensemble lévite (f).

POUR LA SCIENCE N° 498 / Avril 2019 / 3

Les antiquarks d sont plus nombreux que les antiquarks u dans la mer du proton : y-a-t-il alors asymétrie ?

L'ISS semble avoir détecté 8 antiatomes d'hélium : ont-ils été émis par des anti-étoiles faites d'antimatière ? Celles-ci seraient bombardées par des atomes d'hydrogène et hélium nombreux dans l'espace et il y aurait alors annihilation de matière et émission de rayons gamma **LR 892**

L'antimatière est-elle antigravitaire ? Aux dernières nouvelles, non ; ce qui implique qu'elle intervient dans la constante cosmologique.

La matière noire

1933   **F Zwicky** : La quantité de masse visible est très insuffisante pour produire la force gravitationnelle nécessaire au maintien de la cohésion de l'amas galactique. Il *doit y avoir* de la matière noire

1970 :**Vera Rubin** : les étoiles ont une vitesse de rotation en fonction de la distance au centre de la galaxie ; en fait cette vitesse , <u>mesurée</u>, ne décroit pas à cause de la matière noire PLS 533

Elle était dans le   bouillon primitif…. Les fluctuations du fond cosmologique sont si faibles qu'il faut ajouter au plasma primordial un autre ingrédient (la masse noire ?) pour que les futures structures puissent s'organiser… Le spectre de puissance du fond cosmologique contient des pics dont l'amplitude n'est pas expliquée par la seule matière baryonique en mouvement dans le magma de photons : il faut une composante de plus dans   le   plasma   primordial   pour   engendrer   des   oscillations gravitationnelles sans interagir avec les baryons : Famaey

La matière noire est intervenue pour accentuer les surdensités du fonds cosmologique PLS 533 Et aurait permis la création primordiale de grumaux de matière ordinaire.

Il semble y avoir une relation entre matières ordinaire et noire : plus une galaxie est étendue plus le cœur de densité constante de matière noire est étendu.

Le champ gravitationnel de la Voie lactée, ou plutôt son potentiel, est sphérique ; or la matière ordinaire est répartie sur un disque : le reste est-il matière noire ? Famaey

La lumière suit la courbure de l'espace déformé par la présence de matière noire. <u>C'est ainsi qu'elle est mise en évidence</u>.
La matière noire n'émet pas des rayons X.
La matière noire est partout, elle traverse la terre et nous-même ? Riazuelo
Elle aurait un effet de lentille gravitationnelle.

Une particule matière noire est-elle son antiparticule ?

Son agitation thermique est minime : elle se déplace très lentement, est stable. Elle était dans le bouillon primitif et est toujours dans les galaxies ; invisible, elle serait dans les trous noirs primitifs ? Sous quelle forme?

Il y aurait trois types de matière noire : chaude, tiède et froide animées de vitesses relativistes, ou lentes composées de *s*-particules ou de nouvelles particules avec de nouvelles théories ?

Est-elle le neutrino stérile ? sa 4 [ième] saveur ? ou l'axion : boson scalaire de spin 0 ? Il y en aurait des centaines de billions par cm^3 **Quinn, Weinberg, Zakaroff PLS HS 106-2020**   ou serait-elle wimps **PLS 321JP Luminet** ? les wimps. non détectés à ce jour ? **Riazuelo** ou les s-particules de masse de la supersymétrie, (avec cette théorie il ne resterait que la partenaire de la particule Z très lourde qui serait la matière noire), ou celles du boson de Higgs, ou la particule 1000 fois plus lourde da la théorie ET 5D ?..ou...**PLS HS 114**   Si la matière noire est bien détectée par ses effets gravitationnels elle n'est toujours pas connue !   Mystère.

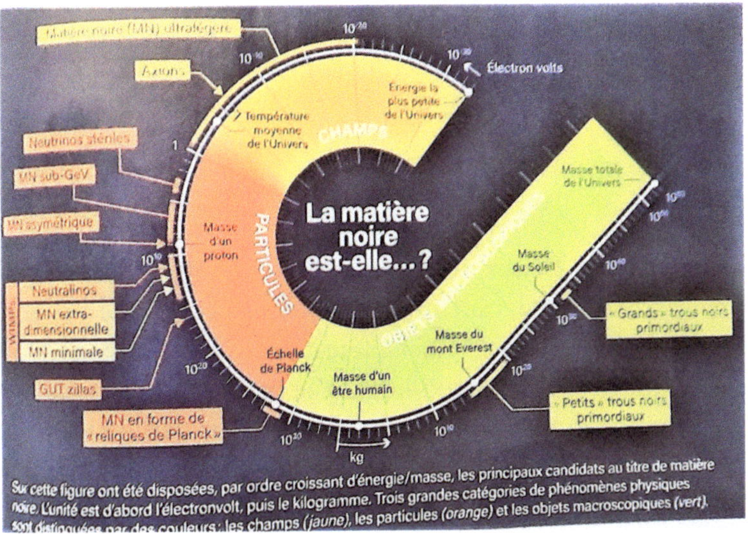

Sur cette figure ont été disposées, par ordre croissant d'énergie/masse, les principaux candidats au titre de matière noire. L'unité est d'abord l'électronvolt, puis le kilogramme. Trois grandes catégories de phénomènes physiques sont distinguées par des couleurs : les champs (*jaune*), les particules (*orange*) et les objets macroscopiques (*vert*).

L'énergie noire

1917 **Einstein** avait introduit la constante cosmologique pour avoir un Univers stable. De **Sitter** **Friedman** montrent au contraire son expansion.

1928 : **Pauli, Jordan** : la constante cosmologique est liée à l'énergie du vide, mais on ne sait pas la calculer, <u>à moins qu'il y ait</u> une énergie sombre, ou noire : un milieu à pression négative, décrit par un champ scalaire (comme le champ gravitationnel ou celui des températures alors que les champs électriques et magnétiques sont vectoriels) **PLS HS114**

Le champ scalaire de l'énergie noire est un champ quantique de quintessence, du type champ de Higgs ; mais avec des particules 10^{44} fois plus légères et de spin nul, ayant énergies cinétique et potentielle **Frieman**

En 1972 **A Weinshtein** propose une théorie non linéaire…à compléter. Des nouvelles particules, les *caméléons*, pourraient créer des champs d'énergie sombre… **PLS HS 114** des particules « caméléons » qui n'ont d'effet qu'à grande échelle dans l'espace interstellaire et peu de masse, fonctionnant avec un mécanisme d'écrantage : et aucun effet à petite échelle et grosse masse dans les zones de fortes densités ? **sv 897**

1998 : L'expansion de l'Univers est, elle-même, accélérée. En dehors de l'inflation, l'accélération de l'univers a commencé il y a 7 G.a.

Pour expliquer **l'énergie noire** et l'accélération de l'expansion, la constante cosmologique suffit ; c'est une constante d'anti-gravité réintroduite par **Lemaître.** La constante est nécessaire pour prévoir un âge de l'univers compatible, pour expliquer l'apparition des étoiles et galaxies (par le jeu combiné gravitation-expansion) pour ajuster le niveau d'énergie et ouvrir la voie à la *MQ* (énergie du vide).

Le projet DES avait pour mission de partager les hypothèses *Énergie noire ou Modification de la gravitation* Le graviton, particule du champ de gravitation : personne ne doute de son existence …, le graviton aurait une masse nulle. Mais s'il en a alors il aurait 5 polarisations et l'existence d'une 5ième force fondamentale est contradictoire avec le réel

2019 DES confirme l'existence de l'énergie noire **Frieman**

Mais en quoi consiste-t-elle ?

Mystère.

Le Vide[46]

La nature peut emprunter de l'énergie au vide d'autant plus que c'est pour moins longtemps et cette énergie se manifester par des particules (dites virtuelles) de charge électrique totale nulle ; d'où particule-antiparticule, photons,…L'effet du bouillonnement du vide lui attribue une densité d'énergie non nulle et les particules virtuelles ont une

---

[46] Cf Le Vide entre Néant et Etre **R Mattout**

réalité manifestée par l'effet Casimir   (<u>vérifié expérimentalement   en 1997</u>)PLS 543

Si la Relativité Générale n'impose pas que les masses (ou l'énergie) soient positives, l'introduction de masse négative introduit des problèmes d'instabilité, mais l'effet Casimir révèle bien une densité d'énergie locale négative !

Comme la surface de l'océan agitée parcourue de vagues forme parfois des gouttelettes, le vide est agité par des particules qui jaillissent d'une mer d'énergie emplissant tout l'espace et qui aussitôt se désintègrent. PLS 321 Les fluctuations du vide permettent surtout l'apparition-disparition des paires électron-positron PLS 328. Le vide d'Heisenberg est le théâtre de la formation de particules qui subsistent un court instant et s'annihilent. Une particule quelconque ne sera jamais isolée, toujours accompagnée de particules virtuelles qui influencent ses propriétés y compris sa masse . Est-ce que cela pourrait expliquer des masses considérables ?

La configuration d'énergie minimale, le vide, est celle dans laquelle tous les états possibles d'énergie négative sont occupés chacun par un électron…L'énergie du vide vaut moins l'infini…et comme on ne peut pas ajouter un électron au vide, celui-ci est un espace à zéro particule et énergie nulle. Les états d'énergie négative ne sont que virtuels ; s'il manque un électron au vide, il y a un « trou » : c'est un positron d'énergie positive CTS

Le **vide** a la propriété de biréfringence magnétique, à cause des particules virtuelles matière-antimatière qui surgissent à des instants aléatoires et s'anéantissent : les ondes lumineuses qui traversent le vide et dont la composante électrique est perpendiculaire à un champ magnétique externe se propagent plus lentement et polarise la lumière. Cet effet est observé en analysant la lumière provenant d'une étoile à neutrons présentant un très fort champ magnétique 2017 PLS 472

Néanmoins l'énergie du vide de la *TQ*, vide peuplé de particules virtuelles énergétiques : est 10^{122} fois ! celle de l'énergie noire Frieman Mais l'énergie d'un volume de vide correspondant au volume d'une piscine alimenterait à peine une ampoule de 1w pendant 10^{-6} s Duffayet

Toute brisure de symétrie est un processus temporel comportant des relations de causalité où le <u>vide est un milieu de transition</u>, milieu possédant une dissymétrie dans lequel peut naitre le phénomène de l'émergence des masses. *Faire de la matière une propriété qui émerge d'éléments sans masse, est un résultat physiquement remarquable, mais qui, de plus, devrait bouleverser bien des philosophes.* CTS

Notre réalité

Finalement il nous faut (…drait) arriver à une description abordable de la matière formant notre Réalité Physique, **… à supposer que celle-ci existe ou/et… qu'on y ait accès** !

Lorsque l'Univers surgit du Big Bang[47] il est entièrement symétrique et sans structure, un point de super énergie. Au fur et à mesure qu'il se refroidit il brise une symétrie après l'autre ; d'où une structure de plus en plus différenciée….La vie, elle-même aussi, est une brisure de symétrie. Dyson in Salam

Au tout début la réalité de notre Univers était, pendant moins d'une microseconde,   une soupe de plasma liquide de quarks et gluons à T=2 000 G. ° K ! Puis les propriétés du plasma ont évolué PLS 108

Les particules fondamentales n'avaient pas de masse avant l'action du boson de **Higgs** …. La température critique où cette transition a pu

---

[47] Cf L'Univers c'est quoi ? **R Mattout** Bod

avoir lieu est de 3.10^{15} °K ce qui a eu lieu à 10^{-12}s après le Hot Bang
SHD......

Après, dans une mer de quarks-antiquarks du vide créé, l'univers étant en *inflation,* les quarks s'associent pour former une couleur neutre, former des hadrons, c'est à dire les baryons et mésons PLS 471, comme bases de notre matière.

On avait cru qu'il n'existait que deux possibilités : soit vous pouviez diviser la matière encore et toujours (à l'infini)...ou alors vous arriviez aux particules les plus petites (insécables). Maintenant apparait une troisième possibilité : ...on peut diviser la matière presqu' à volonté.... (mais) grâce au mécanisme de création de paires, ...l'énergie cinétique permet de créer des particules indéfiniment !....(d'où une formulation mathématique sans infinis ; d'où la théorie matricielle , des champs dans espace de Hilbert)[48] Heisenberg

Notre Univers est quelque fois assimilé à *La Nature ;* or le mot *Nature ,* en latin, est le participe futur du verbe *naître* : ce qui va naître, ce qui se prépare à naître !CTS

Seul l'Univers qui a su venir à nous a survécu aux 10^{-6} s après le Big Bang Deffayet. L'Univers est en expansion et la densité de matière diminue avec elle, alors que celle associée à la constante cosmologique ne varie pas ; donc quand l'univers se dilate il y a création d'énergie dans le temps ; donc il y <u>a action renouvelée,</u> naissance continuelle (… mais toujours discrète)! Notre Univers est un continuum espace-temps rempli de matière et de vide en devenir.

La plus petite quantité d'action qui puisse être réalisée est l'<u>action de Planck</u>. Une action utilise une énergie pendant une <u>durée</u> et une <u>énergie</u> peut se manifester dans l'<u>espace</u> par une <u>masse</u> de *matière.*[49]

---

[48] Cf Petite introduction à la Physique quantique par un néophyte **R Mattout** 2024 Bod

[49] ^{Pl}h= $6.626070040*10^{-34}$ J.s = 10^{28} eV

La quantité d'énergie la plus faible possible est : 10^{-35} eV   L'énergie (action par unité de durée en J) peut aussi se compter en hz (en fréquence), en opérations d'informations par s. , ou en bits ou en d°K (en chaleur).

L'Univers très grand[50], est peu dense avec 5 protons/m^3 alors qu' 1m^3 d'eau contient 6*10^{29} protons et neutrons **Plshs 114** Néanmoins sa masse M$_U$ est énorme ![51]Les étoiles de l'Univers ont créé 4.10^{84} photons mais, hors Voie Lactée, cela équivaut à l'énergie d'une ampoule de 60w vue d'une distance de 4 km ! Pas étonnant que la nuit soit noire. **LR568**

Notre Univers, continuum dynamique <u>d'espace-temps-énergie</u>, a évolué et la vie est apparue au moment où la constante cosmologique liée à son expansion a prévalu sur la gravitation[52] **Deffayet**

Un photon nait au cœur du soleil lors d'une fusion nucléaire ; la densité très élevée et les collisions permanentes l'empêche d'avancer pendant des millions d'années et parvenu dans la zone convective il lui faudra moins d'une dizaine de jours pour remonter à la surface du soleil et en 8 mn sera sur terre absorbé par notre œil; des milliards terminent leur course sur notre rétine, sorte de détecteur quantique. **Deffayet LR 568**

*Nos atomes étaient dans le ciel, la mer, avant d'être dans nos corps...Quoi de plus concret que la matière ? ... L'**<u>existence</u>** est l'état manifeste de la réalité ; **<u>la matière</u>** possède ce moyen pour se faire admirer... C'est du point de vue expérimental que les particules sont des paquets d'énergie et d'impulsion <u>détectables</u>.* **Aspect**

Il est vrai que les particules élémentaires comme les électrons ou les photons n'ont pas toujours d'individualité ; tout électron dans l'Univers est identique à tout autre, et tous les photons sont pareillement interchangeables. **Gell-Mann** Les électrons et les photons se comportent

---

La masse est équivalente à de l'énergie : 1g ≃ 10^{30} eV. **PLS HS 114**   1kg de matière = 10^{51} opérations/s = 1G °K = 10^{31} bits = 100 M Ghz **PLS 325**

[50] Le diamètre de l'Univers « observable » est de 93 G d'années lumière ! et l'univers d'après A Guth, serait 10^{23} fois encore plus grand **Boloré Bonassé**

[51] M$_U$ = 10^{53} Kg ; la masse du Soleil M$_S$ = 10^{30} kg ,

M$_U$ a une fréquence v=10^{14} hz et une mémoire de : 10^{92} bits **Boloré Bonassé**

[52] Constante gravitationnelle G=6.67430*10^{11} m^{3}kg^{-1}s^{-2} ; Cte cosmologique 1.289*10^{-52} m^{-2} très petite d'où très petite énergie du vide.

exactement de la même manière où qu'ils se trouvent dans l'Univers. **Heisenberg.** Mais *les champs (d'électrons, de photons, de neutrinos…) sont des lyres fondamentalement cachées dont les excitations sont les particules réelles* **Cassé** *Un atome peut être considéré comme un système planétaire, un système d'ondes statiques ou un objet de chimie ; ce sont deux représentations complémentaires.* **Heisenberg**

Les lois de la Physique des particules élémentaires sont censées être rigoureuses, universelles et immuables à l'opposé des lois et disciplines qui traitent d'objets individualisés et qui sont approximatives car elles doivent prendre en compte l'histoire et l'évolution qu'ils subissent. *Les lois de la Nature ne concernent plus les particules…. mais seulement la connaissance que nous en avons* **Heisenberg** *La masse s'est s désubstantifiée; la matière s'est déchosifiée.* **Klein** afin de l'étudier.

La matière, toute particule matérielle, est **décrite** (c'est une « représentation » des choses) par l'état excité complexe associé, somme de tous les états qui ont brisé la symétrie initiale. La masse, elle-même, est devenue un état de la matière représenté par une « particule » le fameux boson de **Higgs** issu du champ du même nom. À chaque « particule » est associé un champ[53] et toute particule ou présence d'énergie correspond à un état excité du champ. Les « particules » sont, sans dimension spatiale mesurable, ont une masse (ou énergie), une charge exprimée en sous-multiple de la charge e de l'électron[54], en négatif ou positif, et un « spin » $\frac{1}{2}$ Les « particules » fermions interagissent en échangeant d'autres « particules », les bosons, qui véhiculent les trois « forces fondamentales » [55]: Les quarks et antiquarks n'existent pas à l'état libre :

---

[53] les champs ont des énergies jusqu'à 1 eV ;   l'énergie d'un proton est 10^{10} eV.

[54] charge electron=$1.6021766208*10^{-19}$C ; ; masse de l'électron= $9.10938356*10^{-31}$ kg ;
masse proton =$1.6726219*10^{-27}$ kg ;   masse du neutron= $1.674927471*10^{-27}$ kg

[55] interaction forte= if= 1 ;   interaction faible=10^{-6} if ; force électromagnétique =1/137 if;;
force G : 10^{-39} if

ils sont toujours en « hadrons », en couples, triplettes ou autre ;les triplettes étant les « baryons ».

Est-ce que les éléments de la TQ existent vraiment ou sont des simples recettes mathématiques pour décrire les observations expérimentales ? La PQ standard ne s'exprime totalement qu'avec des nombres complexes introduisant des nombres imaginaires. Alors le monde serait-il, lui aussi, *imaginaire ,* rempli de « particules » *virtuelles, abstraites*? Un monde purement *mathématique* ? Mais pour un grand nombre d'observateurs et de sources la TQStandard serait, comme des théories classiques, falsifiable ?

En fait qu'est-ce finalement, par exemple, qu'un électron ? Un élément type de la matière. Selon **W Ritz** un électron agit à distance dans le vide sur un autre électron en se repoussant en répondant chacun au comportement passé de l'autre. Pour **Einstein**, l'électron est associé au champ électrique qu'il produit ; la répulsion vient de la force venant du champ de l'autre électron. Dans les deux cas les électrons sont donc localisés et il y a un problème d'auto-interaction contradictoire : l'action qu'une particule exerce sur l'autre <u>s'exerce aussi sur elle-même</u> à tel point que la particule devrait exploser ! En 1844 **Faraday** affirmait qu'il ne fallait considérer que des champs électrodynamiques (dans se préoccuper de l'électron). En 1938 **Dirac** essaie alors une nouvelle équation qui résout l'auto-interaction mais introduit alors <u>une réponse avant l'action</u> ! Pour R **Feynman-Wheeler** les particules dans le vide répondent à distance aux comportements passés et futurs des unes et des autres. Pour **Lazarovici** le champ n'est plus qu'un outil qui encode une information venant des passés et futurs des particules ponctuelles, à la **Bohm**, dans l'espace rempli de la « mer d'électrons de Dirac ». D'après **Sebens** les particules sont des compositions de champs accompagnés toujours de celui de Dirac : l'électron serait une quantité éparpillée d'énergie et de charge dans le champ de Dirac ; l'auto-interaction <u>alors n'est pas résolue</u> complètement mais amoindrie et le spin pourrait être expliqué car l'énergie et la charge éparpillée peuvent s'écouler autour d'un axe. Mais tout n'est pas encore très clair !! **d'après PLS HS 114** D'après **C Rovelli** il faut décrire un électron dans un atome en fonction de comment il se manifeste à nous, c'est à dire par la fréquence et l'intensité émise lorsqu'il saute d'une orbite à l'autre. Pas besoin de la fonction d'onde de **Schrödinger** (probabilité de présence), d'univers parallèles, de chat mort et vivant ! mais besoin d'émission de lumière.

Il reste que la *lumière fut*, avec la matière; qu'elle permit avec d'autres médiateurs, les bosons, l'échange d'énergie pour que des quarks et des leptons deviennent matière.

Et il reste que la constante de structure fine de l'Univers est liée à la cohésion des atomes et à l'interaction entre champ électromagnétique et particules chargées (entre lumière et matière) **LR 888**

cte de structure = $e^2/^{Pl}h.c$ = 1/137 = 0.0072973525376 avec c= 299 792 458 m.s^{-1} ;

Électron, Photon et Action (de Planck) forment une Constante caractéristique de notre Univers !

À partir de là *toute la matière s'est « organisée » seule, de manière de plus en plus élaborée, en quarks, atomes, molécules, molécules complexes…jusqu'au vivant* **BoBo**

Un cristal a une structure complexe, très organisée, a une cristallogenèse, il se déplace, grandit, consomme de l'énergie et la transforme en électricité, se reproduit, les moules de boue jouant le rôle d'ADN, y compris dans les mutations. Simplement le cristal fait tout ça sur une échelle de temps géologique ! **PLS 565**

La Vie ?[56]

De la matière la plus inerte aux capacités, pour elle, de s'auto-reproduire (par autocatalyse), d'acquérir souffle vital, mémoire, puis esprit de famille comme chez les bactéries et de s'organiser en groupes, de se reproduire de façon sexuée comme chez certaines plantes, d'acquérir instinct et intelligence comme chez le singe puis de prendre conscience de sa propre existence et de son environnement.., d'un point origine à l'instant présent, il y a un long cheminement de dualités qui s'expriment, de combinaisons qui s'essaient avec précision prémonitoire : néant absolu d'une part et puissance potentielle d'actions d'autre part, vide complet et apparition de paires de particules virtuelles matière-antimatière, dualités fermions-bosons en nombre, ondes-corpuscules sans compter, énergie-matière en quantité renouvelable…À chaque fois, de ces couplages les plus élémentaires ont émergé de nouvelles entités, de nouvelles individualités de plus en plus complexes; et de concepts évanescents ont surgi des objets concrets discernables…Tout cela nécessite des messagers, médiateurs ayant Capacités, Potentialités, Forces <u>toutes préalablement disponibles</u>, dès,   ou avant le Big Bang ?

L' « âme » de toute chose est-elle une de ces potentialités primordiales ?

La matière en bénéficierait-elle ?

Il s'en est fallu de si peu pour que l'on soit pourvu d'une queue !

---

[56] La Vie ? De la matière à l'esprit et la conscience **R Mattout** ed Bod 2024

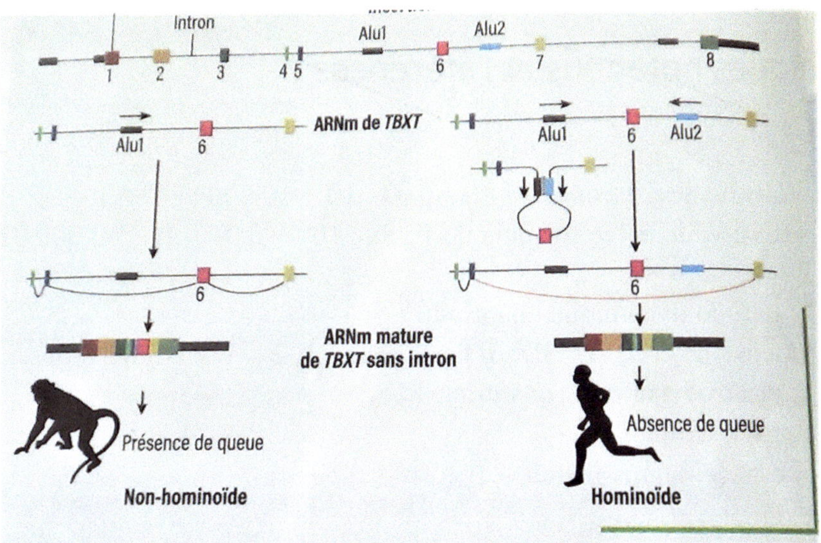

La matière est bien l'état manifeste de l'Univers, et même si en *TQ* la matière se trouve être l'expression de l'énergie du vide, ou *celle des nœuds de vibration des cordes d'une lyre cachée* Cassél, elle se manifeste toujours comme résultat d'actions et d'interactions à tous les niveaux, du cosmos, de l'humain ou des quarks et bosons…, et cela .à partir d'une Action primordiale ?

Pour expliquer la matière il faudra encore *suspecter la nécessité d'autres altérations de nos idées de base* Dirac

Quelques notations et références

10^n = 1 suivi de n zéros ; ex : 10^2= 100 ; 10^4 =10 000 ; 10^0 = 1

10^{-n} = 0, suivi de n-1 zéros puis de 1 ; ex : 10^{-2} = 0,01 ; 10^{-5} =0,000 01

CDQ : chrono dynamique quantique

D : dimension   1D, 2D, 3D, nD grandeur à 1, 2, 3 ou n dimensions

EDQ : électrodynamique quantique

$\mathcal{ET}$: Espace-temps

$\mathcal{ETM}$: espace -temps-matière

Ex   exemple

$\mathcal{G}$: constante gravitationnelle, G_T accélération de la pesanteur

G. : milliard = 10^9

k. : kilo =10^3

L : dimension de distance, longueur

M : dimension de masse,

M. : million = 10^6

MQ, PQ, TQ : mécanique, physique, théorie quantique

T : dimension de temps-durée

Barow   La grande théorie 1994 ed A Michel

Bobo **Bolloré Bonnassies**   Dieu la science les preuves 2021 ed Trédaniel

CTS **Cohen-Tanoudji Spiro**   La Matière-espace-temps 1986 ed Fayard

De Broglie Les représentations concrètes en   microphysique1967 inPiaget

Destouches La mécanique ondulatoire PUF 1964

Dirac   in Salam Heisenberg Dirac La grande unification Seuil 1991

Fernandez   De l'atome au noyau 2006 ed Ellipses

Heisenberg La nature dans la physique idées nrf   1962 ed Gallimard

Klein   Discours sur l'origine de l'Univers 2010 ed Flammarion

Koiré   Du monde clos à l'univers infini 1947 ed Gallimard

LR **La Recherche**

LR 568   Aspect LR883, LR891, LR 892, LRSV897,LRSV 898, LRSV899, LRSV 900, LRSV910

LDF **Lochak Diner Fargue** L'objet quantique Comment l'esprit vient aux atomes Flammarion 1989

Mattout   Petite introduction à la Physique Quantique par un néophyte
          2024Bod

Mattout   Le temps en questions… ?   2023 ed Bod

Mattout   La Vie ? De la matière à l'esprit et la conscience 2024 ed Bod

Mattout   L'univers c'est quoi ? 2024 ed Bod

Mattout   Quelles sont nos origines lointaines ?   en cours

Mattout   Le Vide entre le Néant et l'Etre ?   en préparation

PLS **Pour La Science**

PLS321, PLS 322, PLS 325, PLS 328, PLS 345, PLS471, PLS472, PLS 481, PLS 483, **PLS HS 106-2020** JP Luminet Famaey Riazuelo Frieman Deffayet PLS485, PLS 496,PLS 498, PLS HS 114, PLS 523, PLS 528, PLS 513, PLS543, PLS 549, PLS 561, PLS 564

SA_La883

Tous les autres auteurs cités sont issus de R Mattout : *Le Temps en Question..s?*